攻撃か、それとも自衛か

ARMED FORCES? SELF DEFENCE?

自衛隊・米軍・戦場最前線からの報告

◎加藤健二郎

現代人文社

まえがき

「コソボは現地での紛争がどうにも収まらなくて、しかたなくＮＡＴＯ軍が空爆を強行して解決したんじゃないのですか？」

「いや違いますよ。コソボ紛争は、ほぼ収まっていて難民の帰還も始まっていたにもかかわらず、米国が紛争を再燃させて空爆をする口実を作ったんです」

「ボスニアも、一九九四年ですでに全戦線がほぼ収まっていたけど、セルビア人勢力が優勢のままの終戦なんて、米国としては認めたくなかったんですよ」

外国の紛争について語り合うと、このような誤解は想像以上に多い。メディアが偏向報道をしていることは一般の人も知っているのだが、それでもやはり、大手メディアが繰り返し報じている内容はまあまあ正しいと思ってしまうようだ。当初は私も、地球の裏側の外国のことだから、誤解している人が多くても大きな問題ではないか、という軽い気持ちでいた。

しかし、米国が中近東やバルカン地域でやってきていることの本質が見えてくると、日本が不必要な戦争や緊張に巻き込まれる危険を意識せざるをえない。そして、テロ対策特別措置法が成立して以来、日本は、世界のあらゆる戦争に米国の同盟国として自衛隊を派遣できるようになっている。そうなると、そろそろ本気で戦場の現実、戦争の実体、そして戦闘部隊としての自衛隊の実力などを理解していかなければならないだろう。

戦場の人々の選択肢は、大きく分けて、戦うか死ぬか逃げ出すかである。そんな中で、現場取材をするメディアは、逃げ出した者に集中することが多いが、私は武器を取って戦うことを選んだ者たちに焦点を当ててみた。それは、戦っている者を知った方が、戦争の根源をより詳しく正しく理解できるからである。

その選択は間違っていなかったと思うのだが、最近の戦争は現場の意向では、どうにもならない例が増えてきている。とくに米国がどう動くかが大きな要素で、現場の当事者たちも米国の出方に強い関心を持っている。

これら、米国の思惑から最前線の兵士までを見ていく中で、近年、無視できなくなってきているのが、「メディアがどう動くのか?」、「脅威論をどのように作り上げるのか?」などの要素であり、時には、現場の真実よりも、強い影響力を持ってしまうこともある。このような情報操作がどのようになされていくのかも含めて、本書で最近の戦争と今後の戦争を総合的に理解するために役立てていただければ幸いである。

攻撃か、それとも自衛か

自衛隊・米軍・戦場最前線からの報告

目次

I

実戦化しつつある自衛隊

アメリカの要請により、自衛隊をイラクへ派遣する可能性が高まっている。イラクではしかし、ブッシュ米大統領の戦闘終結宣言後も米軍への攻撃が続き、多くの死者が報告されている。このような危険な状況下で、果たして自衛隊はイラクで役に立つのだろうか。また、戦闘に巻き込まれたときに助かる可能性はあるのだろうか。

取材で明らかになった訓練の様子や兵器など、現に在る自衛隊の生の姿を紹介する。

1　ハイテク導入の近接戦闘訓練

近代戦は、ゲリラ戦やテロなどのローテク戦争と、最新兵器装備等が駆使されるハイテク戦争に二極化している面がある。海と空の戦いでは、ハイテク戦争の色彩がかなり濃くなっているが、地上戦は、どうしても、ハイテクとローテクをうまくミックスさせておかなければ盲点が出てしまう。二〇〇三年三月二〇日に始まったイラク戦争では、米軍がハイテク・システム化された地上軍によって電撃作戦を成功させたが、制圧後のイラク人らによるローテク攻撃には悩まされている。

そしてもし、米軍による制圧後の治安維持や後方支援、インフラ復旧などの任務で自衛隊が今後海外に出て行くことが多くなるとしたら、当面の課題は近接戦闘になるが、陸上自衛隊は歩兵の近接戦闘訓練にハイテクの導入を拡大している。その中で、地味で目立たないが意味の大きいものは、訓練装置のハイテク化である。ここでは、レーザー光線による命中判定システムで演習場全体を覆う訓練をみてみたい。

実戦経験を持たない陸上自衛隊が、ハイテク技術によって、できる限り実戦に近い訓練をしていく構想は、技術立国日本の得意分野を活かしていて、なかなか的を射た方法ではないだろうか。このシステムによる最新の訓練場は、二〇〇〇年六月から実用化されている富士訓練センター（ＦＴＣ、静岡県）だが、ここは、最新システムであるがゆえに、訓練部隊への同行取材ができなかったので、札幌で行われた訓練に密着同行してみることにした。

二〇〇〇年六月末、「近接戦闘訓練（iCo‐TESC）」という訓練を取材した。iCoは歩兵（普通科）中隊、TESCはTraining Evaluation Support Center（訓練評価支援センター）である。札幌、函館などの南北海道地域を管轄する第一一師団が担任となり、札幌の南郊外の西岡演習場で行われていた。

TESC方式というのは、隊員全員とすべての車両、火砲がバトラーと呼ばれるレーザー判定装置を装着して訓練に参加し、戦闘結果はほとんどリアルタイムでセンターで確認できるシステムである。誰（何）がどこから、どの武器で攻撃して、誰（何）がどういう損傷を受けたかをすべて把握できる。

上・下　バトラーシテテムを装着した自衛隊員。

第一一師団広報班長は「バトラーを使わない訓練では、評価方法が概念的になることがあったが、TESC方式では、評価が非常に具体的でドライなので、その後の研究データとしては非常に良いものになります」と言う。上官に気に入られる作戦か否かという感情的な差が出ないということもあるようだ。

参加部隊の規模は、攻撃側が一個中隊で、人員約一〇〇人、その内訳は三つの小銃小隊である。兵装等は、携帯式無反動砲六門、機関銃六挺、車載型無反動砲一門、対戦車ミサイル一基、迫撃砲四門、戦車四両、自走榴弾砲二門、障害処理器材（地雷原爆破用）である。

対抗部隊（防御側）は、一個小隊で人員約三〇人、装甲車三両、携帯式無反動砲三門、迫撃砲二門、戦車一両で、塹壕陣地等に潜んで待ち構えている。

この訓練は、北部方面隊の第二、第五、第一一師団の普通科連隊が交替で参加して行っている。担任の第一一師団は、TESC方式システムを構築し、対抗部隊を出している。バトラーのシステム以外にも、演習場の要所を見下ろせるように六台のビデオカメラが塔の上に据え付けてあって、センターでは、常にこの画面を観ることができる。

人員用のバトラーは、レーザー光線の受光部が一人あたり一五個で、腰にはバッテリーをつける。小銃で撃たれた場合、距離四〇〇メートル以内だと受光部が感知して「命中」ということになるが、命中の箇所によっては、死亡、軽傷などに分かれる。軽傷の場合は数十分後に戦線に復帰できるようになっている。

バトラーは命中か否かの判定だけなので、ナビゲーターがその結果をリアルタイムで訓練センターに無線で伝達し、センターと常時連絡をとれるようになっている。つまり、全兵士が無線機とナビゲー

84ミリ無反動砲チーム。

ターを装着していて、一人の兵士が持つＴＥＳＣ関連の装備は一〇〇万円強となり、まさにハイテク兵士である。

戦車は砲塔にバトラーの受光部を装着し、主砲の射程は一〜二キロメートルとされている。戦車に命中すると、「プー」という音と共に砲塔上のライトが光る。砲や銃は空砲も発射されるようにしてあるので、射撃すると銃声（砲声）と煙が出て、位置を発見されやすくなる。

迫撃砲や榴弾砲は曲射弾道になるので、その射撃効果は、レーザーでは表示できない。そのため、射撃目標地点を無線で現場の判定員に知らせて、そのエリア内にいた隊員に対して死傷の判定をするようにしている。曲射弾道の射撃効果を判定する際には、現実感が欠けるところがあるのだが、冒頭で触れた最新システムを導入しているＦＴＣ（富士）では、これら曲射弾道の火器に関してもコンピューター算出がされている。曲射弾道までコンピューター化された訓練場があるのは、世界の中でも日本だけだ。

突入小隊、戦死続出

草が生えている丘の斜面を普通科の一個小隊が登っていくと、稜線には未舗装の道路が走っていた。稜線上に樹木はほとんどないため、身を隠せるものは腰丈くらいまでの草だけである。塹壕に籠った敵は四〇〇メートル以下の距離のところでこちらの動きを窺っているので、小銃・機関銃でも狙い撃ちされると考えるべきだ。しかし、この道路を越えなければ敵陣に肉薄攻撃をすることはできない。小隊長の命令のもと、まず数人が駆け足で道路を越えて、反対側の斜面に駆け降りた。

すると四～五人目の機関銃を担いだ隊員のバトラーが「プー」と鳴り響いた。その隊員は、「あーあ」と残念そうに苦笑いをしつつ足を止める。すぐに判定員が駆け寄って、バトラーが誤作動でないかどうかを確認し、隊員の名前と階級を聞く。「……三曹です」と答えて彼は戦死と判定され、訓練から離脱させられた。二〇名弱がこの稜線を越えたが、戦死者は一名だけだった。敵陣からの機銃掃射はそれほど激しくなかったことになる。

そのまま小隊は草むらの斜面を急ぎ足で下って行って、凹地の斜面に展開した。凹地の左手の上のほうが敵陣になるわけだが、ここからでは敵陣の位置は確認できない。進行方向正面には、味方の他の一個小隊が突入するとのことで、その方向を支援射撃できるように八四ミリ無反動砲（携帯式）を向けて待機した。

後方から「一カ所に固まるな。砲迫でまとめてやられるぞ」という命令が飛ぶ。その命令を聞いてから、まわりを見てみると、確かに隊員同士の間隔は二〜三メートルやそれ以下で、ここに迫撃砲を撃ち込まれたら相当な犠牲になりそうである。

　間隔を空けなければならないことくらいは、一般の隊員もわかっている。しかし、敵との距離が詰まってくるに従って、バラバラになっているのが不安になり、なんとなく固まってきてしまうのだ。小隊の最前列では、二名の隊員が八四ミリ無反動砲（携帯式）を構えていて、その傍らに班長がつき、他の部隊と無線のやり取りをしている。そして、その班長が数歩移動しようとして姿勢を少し高くしたところで「プー」と、班長のバトラーのブザーが鳴り響いてしまった。狙撃されたのだ。さらに続

バトラー訓練中の訓練センターには、隊員各人のすべての情報が表示される。

訓練中の戦闘状況は、訓練センターでリアルタイムに表示される。

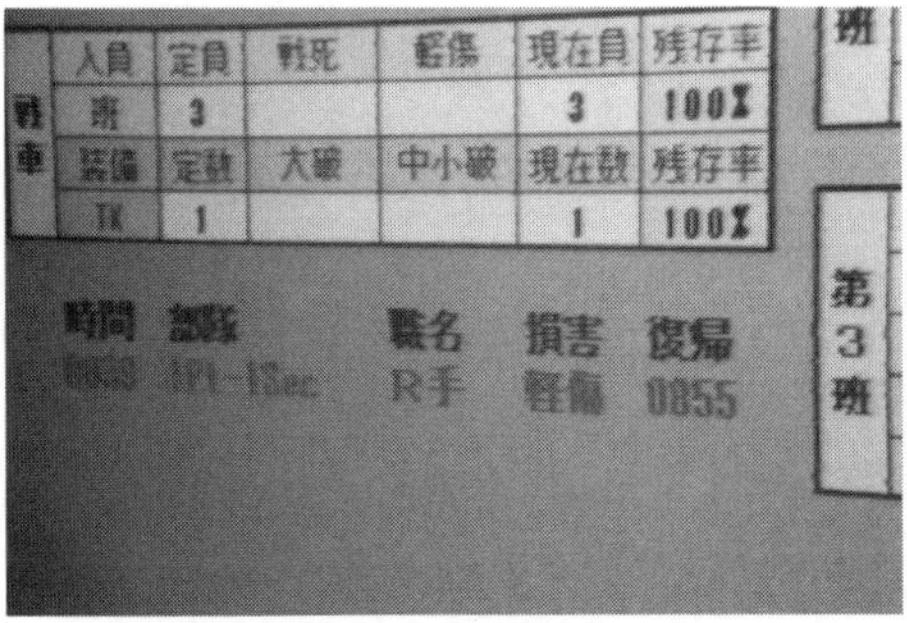

ロケット砲射撃手が軽傷したと表示が出た。

いて、無反動砲の砲手のバトラーも「プー」と鳴って戦死してしまった。砲弾装填手がすぐに代わって砲手となり、近くの隊員を装填手に指名する。

この膠着した状態のまま時間が過ぎ、敵の迫撃砲の射撃に見舞われた。バトラー戦においては、砲撃指定地点付近にいた隊員は命中弾を受けたと判定されるのだ。判定員が、その地点に行って、「ハイ、あなたとそこのあなた戦死（負傷）です」と言い、判定員の持つバトラーを発光して、それらの隊員のバトラーを「プー」と鳴らすのである。

小隊は凹地の中で、ほとんど有効な反撃もできないまま犠牲者を重ねてしまった。攻撃は頓挫である。そして、制限時間の三時間半に達し、「攻撃失敗」ということで、このバトラー戦の訓練は終了した。

戦闘結果は、攻撃側の損害が、私が同行していた第一小隊は戦死五名と軽傷二名だった。第二小隊は戦死二名、第三小隊は戦死三名と軽傷一名、八一ミリ迫撃砲小隊で軽傷一名。そして、四両持っていた戦車のうち三両が大破して、一両が小破されている。戦車は、稜線上にわずかに姿を出しただけで、たて続けに三両が撃破されたという。これは、戦車搭乗員のミスというよりは、作戦段階での失敗だろう。一方、対抗部隊（防御側）の損害は軽傷三名のみである。

戦闘車両の小破、中破、大破は、レーザーの強弱×損害率で決定している。そしてそれらの影響としては、小破の場合、射撃は可能で走行は不可能だが、安全上必要な小移動は可能である。破砕箇所の整備に必要な時間が経過した後は車両そのものの復帰が可能となる。中破では、直ちにその場で行動を停止しなければならないが、安全上必要な小移動は可能である。また、戦車砲および車載機銃は使用不可だが、重機関銃は使用できる。ただし、車両そのものの復帰は不可能だ。大破の場合は、すべての搭載火器が使用不能で移動も不可となっている。

弾薬手、どこだ?

午後からは、別の中隊の訓練が開始された。先頭を行く小隊に同行していくと、隊員たちは道路の両側の草むらの中に待機していて、その先頭には、小隊長と無線係、八一ミリ迫撃砲のFO（前進観測員）が出ており、敵陣の位置を推定しながら、味方の迫撃砲に射撃指示を与えている。FOとは、後方から射撃する榴弾砲や迫撃砲の部隊に着弾地点の指示を無線で行う、いわば砲兵の目である。

迫撃砲弾の着弾と同時に部隊は、左手の草むらの中へと前進していった。小隊長は地図を持って先頭グループに位置し、その後を一列縦隊で続く。草むらを掻き分けて低地に降り、そこで道路を警戒しつつ横断し、反対側の草むらの斜面に取りつく。その斜面を乗り越えて、樹林帯の中に分散待機した。目の前には標高差十数メートルの丘がある。

対抗部隊の前哨警戒部隊の陣地には接触しないように迂回して、約一キロメートルを前進したことになる。私が同行している小隊が待機している位置は前面の丘で遮へいされているため、敵からは発見されない位置なのだが、推測で迫撃砲を撃ち込まれる可能性はある。小隊長からとくに明確な指示があったわけではないが、樹林帯の中に待機する隊員たちは、一〇メートル近い距離を空けて分散している。午前の部隊が、敵前の凹地で密集してしまった例と比べると、今回の部隊は砲迫に対する警戒がしっかりとなされている。

しばらくして、正面の丘に登り始めた。稜線上は、敵陣から直接狙われる可能性があるため、登った隊員たちは、草むらの中に屈み込んで低い姿勢を取っている。すると、突如一人のバトラーが「プー」と鳴り響いた。判定員が確認に駆けつけて、センターと連絡を取り合ってみると誤作動だった。この手の誤作動はよくあることらしい。

続いて、敵の迫撃砲攻撃がきた。判定員から「砲撃」との声が飛び、隊員たちはその場で地面に伏せる。稜線上の道路の向こう側が着弾地点だ。判定員がその場所に駆けつけて確認すると、そこには一人も伏せていなかった。「砲撃地点。被害なし」と無線でセンターへ報告する。

砲撃が終了したところで、小隊長の指示によって、数人が道路の反対側の茂みに駆け込む。その直後に小隊長が敵の戦車を発見した。「八四ミリ！　戦車確認できるか？　そこから見えるか？　撃て！」と大声で命令する。八四ミリ無反動砲一門が弾を装填して戦車を狙う。しかし、次弾を持った弾薬手が道路の反対側にいる。「弾薬手！　前へ出ろ。オイ、弾薬手、どこだ？」と小隊長が叫び、他の隊員も「弾薬手、前へ行け」と叫ぶ。弾薬手は道路反対側の後ろのほうからあわてて走ってきた。弾薬手は、砲手と必ずセットで動くように決められているはずだ。砲手はバックブラスト（射撃時に砲身の後方に広がる爆風）による危険範囲に味方が入らないように指示してから、射撃した。空砲による煙が上がる。無反動砲やロケット砲の場合は、バックブラストが起こるので、後方に人がいないことの安全確認が必須だ。

小隊長が「当たったか？」と無線係に聞くと、センターからは「小破」の報告が来る。もう一門の八四ミリ無反動砲に、引き続いて射撃の命令をする。「敵戦車は小破している。確実に撃破をめざして、もう一発ぶち込め！」

稜線上では、小隊長のがなり立てる声だけが飛んでいる。そして、無反動砲は発射された。「当たったか？」「効果なし！」

一般的には、無反動砲やロケット弾を撃つと、その爆煙から射撃位置を発見される。これだけたて続けに外したら、戦車砲による猛烈な反撃を食らうと言われているが、この戦闘では、敵戦車からの反撃はなかった。この点は、戦場の現実を知らない自衛隊の甘さが出ているのではないだろうか。

この位置からの戦車の撃破を諦めて、小隊長はＦＯ（前進観測員）を呼んで、敵陣に対する一〇分間の砲撃を要請した。

砲撃が敵陣に着弾すると同時に、小隊は稜線上を道路に沿って前進し始める。すると、先頭を行く

窪地で84ミリ無反動砲を構える。この直後に２名が狙撃される。左奥に見えるのは判定員。

バトラー使用訓練ではレーザーの邪魔になるので、草などによるカムフラージュはできない。

隊員のバトラーが「プー」と鳴ってしまった。砲撃を受けている部隊は、その間は伏せていて、射撃をできないことになっているから、本来なら対抗部隊は射撃してはいけない場面である。しかし実際には、前進をしてくる部隊が見えるのだから、撃ってしまったのかもしれない。だとすれば、この命中弾は、ルール上無効である。

小隊長は無線で、そのことをセンターに確認してみた。しかし、センターのほうからは「命中である」との答。小隊長は「砲撃の最中だから、対抗部隊は射撃をしてはいけないはずだ」と事情を説明するのだが、センターのほうはなかなか事態を理解してくれない。そんなことをやっているうちに、一〇分間の味方の支援砲撃が終わってしまった。

小隊長は「そりゃねーよなぁ」と憤慨の声を上げている。バトラー戦のルール上の問題点が浮き彫りになった場面である。とはいっても、砲撃されている部隊とは違う場所から撃たれた可能性も否定はできない。

支援砲撃に合わせて前進するタイミングを失ってしまった小隊は、草むらを伝って、ジリジリと前進する方法に切り換える。「頭を上げるなよ！　撃たれるぞ」と小隊長の指示はひっきりなしに飛ぶのだが、後続の隊員たちの中には、自分の身の動かし方に困っているような表情の者もいる。

先刻の、無反動砲の弾薬手が後ろのほうにいた例もあるように、小隊長の指示がなければ、一人ひとりの動き方を自分で判断できない隊員が多い。小隊長が戦死してしまったら、この小隊はどうなってしまうのだろうか。

なぜこのようにぎこちない動きになってしまったのか。それは、バトラー戦を導入したことにより、今までの訓練とはまったく違う状況になったからだ。「どの程度なら動いても大丈夫なのか、どういう動きをすると狙撃されてしまうのか」などについて、まったく見当がつかない。だが、隊員たちがこういう状況を経験するだけでも、非常に意味のあることである。

実際の戦場でも、初めて戦場に出た兵士というのは、このような動きになってしまうことが多い。クロアチアが独立戦争に突入したとき（一九九一年）などは、戦場の状況をわかっていない新兵がウロウロしていたが、だからといって、彼らが兵士としての素質がないわけではなく、ただわかってないだけなのだ。サラエボで戦っていたセルビア軍の歴戦の小隊長によると、多かれ少なかれ、初めて実戦に遭遇した兵士というのは、何をすべきかなどまったくわかっていないという。

この午後の訓練では、攻撃側の損害は戦死一一名に軽傷が五人で、戦車等の装備の損害はなし。敵の最終防衛ラインにも突入できたという。

装甲車によるスピード戦術

陸上自衛隊の近接戦闘では、隠密行動を交えながらじりじりと肉薄していく戦術が一般的だ。しかし、ドライに結果の出るＴＥＳＣ方式では、前例のない奇抜な作戦なども、その効果を試すことができる。翌日の訓練では、第三普通科連隊が96式八輪装甲車を使って、対抗部隊の前哨警戒部隊を迂回して本隊との接触地点の手前までノンストップで突入した。そして、そのスピードを武器にして一気に対抗部隊の最終陣地を落として、しかも三時間半の訓練制限時間が余ったとのことである。

この96式八輪装甲車による訓練は自分の目で見ているわけではないので想像になってしまうが、装甲車を撃破できる武器の存在しない地域がわかれば、一気に走り抜けることができる。この訓練のように、敵の所有している武器が明確にわかっている場合だと、装甲車によるスピード戦術は採用しやすいのかもしれない。

たとえば迫撃砲の場合、射撃してから着弾までが一〇秒以上になるわけだから、その間に装輪装甲車が時速五〇キロメートルで走り抜ければ、一四〇メートル以上も進めることになる。FOが観測して無線でデータを送る間接照準の砲撃でこれを追うのは至難の技だ。つまり、近距離からの直接照準射撃で狙われない地域では、装甲車はスピードを武器にして一気に走り抜けてしまえば、砲迫の弾幕を振り切れる。

このスピード戦術を用いる場合、対抗部隊の武器の中で警戒すべきものは、八四ミリ無反動砲三門と74式戦車一両だけになる。これらが前哨警戒部隊に集中配備されている可能性はないと判断すれば、警戒部隊が持つのは、せいぜい八四ミリ無反動砲が一門であろう。無反動砲は連続発射ができないから、撃破される装甲車は一両だけですむ。

敵の無反動砲が発射されたら、その位置に味方砲迫の射撃を誘導すればよい。装甲車はそのままスピードを落とさずに走り続けて、敵の前哨警戒部隊をほとんど無視して敵の本陣に向かうことができる。そして敵の戦車、無反動砲の射程に入らない位置で小銃小隊は装甲車を下車して、徒歩で戦闘体形に展開する。

こんなことを頭の中で想像していると、「この96式装輪装甲車部隊の攻撃を自分の目で見てみたかった」と残念でならない。

最新装備を備えたＦＴＣ（富士）では、二〇〇〇年六月一九日から五日間にわたって、第二〇普通科連隊第三中隊が、最新のシステムを用いたＴＥＳＣ訓練をしていた。こちらは、現場取材をできなかったので、自衛隊発表の引用になるが、それによると、最初の敵の砲撃で、一個小隊の中から九名が戦死、二度目の砲撃では別の小隊で八名が戦死、四名が負傷という損害を被っている。ほとんど手も足も出せないうちに、攻撃部隊は壊滅的な打撃を受けたことになる。隊員の中からは「今までに身につけてきた訓練が裏目に出た」という声もあったという。根本的に考えを改めなければならない点もたくさん浮き彫りになってきたことになる。

電子機器や通信技術で世界をリードする日本は、バトラーシステムのような分野でもリードしている。前述の訓練でも起こった機器の誤作動等の問題もあるが、このバトラーシステムを充実させ普及

イラクで、自爆テロを警戒して離れた位置から所持品検査をする米軍の検問。ハイテク技術だけでは戦後治安維持はできない。

していくことは、訓練の実戦化だけではなく、歩兵部隊を組織的に運用するうえでも大きな意味がある。

各兵士の状況がリアルタイムでわかるということは、敵情や戦場全体の把握も可能なわけで、これは情報戦で非常に優位に立てることになる。たとえば、偵察の兵士が暗視ゴーグルで捉えた映像を、司令部や他の部隊にも伝送すれば、作戦決定を指示したり補給や救援部隊を差し向けるなどの対応ができる。

必要なタイミングで必要な戦線に適切な部隊を送り、不要な地域に大切な部隊を貼りつけておく必要がなくなるということは、少数の部隊を有効に使えることになり、軍備縮小、犠牲の減少、戦争の短期終結などにも大きく役立つことになる。

現在、先進各国の軍隊は、武器そのもののハイテク化ばかりでなく、情報や指揮、統制のシステム運用のハイテク化にも真剣に取り組んでいて、「情報ＲＭＡ（情報による軍事革命）」や「Ｃ[4]ＩＳＲ（指揮・統制・通信・処理・情報・監視・偵察）」と呼ばれている。米軍が圧倒的に強いのは、これらでリードしている点が大きいからだ。

2　自衛隊VS米軍、実戦度徹底比較

日米安全保障条約のおかげで、自衛隊は、世界最強の米軍からいろいろ学べるチャンスに恵まれている。敵に対して圧倒的に優勢であることを大前提に外国に展開していく米軍のやり方は、専守防衛の自衛隊にとって必ずしもすべてが手本になるわけではない。とはいってもやはり米軍から学ぶべき点は多く、自衛隊もそれをわかっているので、気づいたところは積極的に米軍方式を採用している。自衛隊と米軍の実戦度について、各種科目ごとに気づいた点を比較してみたい。自衛隊の弱点と変革を知る一端となるであろう。

イラク戦争後に、米国が日本にも派兵を求めていることからもわかるように、米国は、自衛隊が、それなりに信頼できる実力を持った軍隊になってくれることを望んでいる。かつては、自国の脅威になる危険を考えれば、同盟国でさえ、その軍備がレベルアップされることには警戒感を持っていたものだが、圧倒的な最強国になり上がった米国は、日本に対してその意識は低い。とくに、陸上自衛隊に対しては低い。

そして、今回のイラク戦争のように、開戦から首都侵攻、全土制圧という「格好いい」部分はほとんど米軍だけでもやってしまい、その後の治安維持や後方支援を信頼のおける同盟国軍に分担してもらいたいのである。だから、その分担を担う程度の軍事ノウハウであれば、米国は惜しげもなく伝授してくれる。そして、その動きは、日米新ガイドラインが議論され始めていた一九九七年くらいから表に出ていた。

日米共同訓練で打ち合わせをする日米両軍の中隊長。(1998年11月)

ヘリボーン

ヘリボーンとは、ヘリコプターによって地上部隊を輸送し展開させる作戦である。一九九八年一一月、岩手山演習（岩手県）における日米共同訓練で、ヘリボーン訓練の違いを比べてみるチャンスがあった。まずは、陸上自衛隊第九師団第五普通科連隊のヘリボーンである。降着したUH1ヘリの片方の扉が開き、自衛隊員たちは一列になってダッシュし、近くの茂みに隠れた。

続いて米陸軍第二五軽歩兵師団の兵士によるヘリボーンを見ると、最初に五〜六名がヘリから飛び出し、ヘリを扇状に囲むように伏せ撃ちの姿勢で周辺警戒姿勢を取り、その態勢ができたうえで、後から飛び出してきた兵士たちは一気に近くの茂みへと駆け込んだ。茂みに駆け込んだ兵士たちが周辺警戒の態勢を取ったのを確認してから、ヘリ周辺で伏せ撃ち姿勢で警戒していた兵士たちが茂みの中へ移動する。

明らかに、米軍のほうが周辺警戒を重視している。この違いについて、陸上自衛隊では、ヘリボーンは絶対に敵のいない場所で行うという考えがあり、米軍は、いかなる場所でも敵襲を受ける危険はあると考えていると、陸上自衛隊第九師団長は説明してくれた。

しかし、自衛隊も「絶対に敵襲のない場所」などという考え方が自分勝手な想定であることは気づいていたようだ。翌一九九九年九月に東富士演習場（静岡県）で行われた総合火力演習におけるヘリボーン訓練では、米軍方式をしっかりと取り入れていた。

手前の米海兵隊は、１人ずつが交互に左右を向いて周辺警戒をしているが、向こう側の陸上自衛隊員は、全員が前方を向いている。(2000年11月)

陸上自衛隊は、米軍から学び、翌年の訓練ではＶ字隊形で周辺警戒をする。(2001年11月)

また、二〇〇〇年一一月に行われた陸上自衛隊第六師団第四四普通科連隊と米第三海兵師団第六連隊による日米共同訓練の中でヘリボーンの動きを比較してみると、UH1ヘリから飛び出した後の展開では、日米に大きな差はなかった。陸上自衛隊もしっかりと周辺警戒の動きを取り入れていたのである。

しかし、UH1ヘリに搭乗する前の兵士の周辺警戒で明確な差が出た。米海兵隊は、一人ひとりが交互に左右を向いて警戒しながら一列に並んでいるのに対して、自衛隊のほうは全員が前方を向いていたため左右への警戒が甘くなっていることになる。

続いて、CH47ヘリから飛び出す場面を比べてみると、自衛隊の小隊長は、ヘリから飛び出してくる兵士のほうを向いて展開していく方向を指示していたため、展開方向に背を向けていた。米海兵隊の小隊長は、兵士の飛び出していく方向に体も銃口も向けている。

ここで書き並べたようなことは簡単に改善できるので、自衛隊では次の訓練では米軍方式を取り入れていた。翌二〇〇一年一一月に新潟県の関山演習場で行われた陸上自衛隊第一二旅団による旅団規模演習を見ると、ヘリに搭乗するときの自衛隊員の隊形はV字型になっていて、前方、左右、後方もしっかりと警戒していた。

迫撃砲の運用

迫撃砲は、歩兵が数人で持ち運びできる手軽な兵器である。手軽な割には破壊力があるので、近代戦でもいろいろな場面でよく使われている。一九九八年一一月、霧島演習場（鹿児島、宮崎、熊本県にまたがっている）で行われた米第三海兵師団第三連隊と陸上自衛隊第八師団第二四普通科連隊による日米共同訓練で、米海兵隊の八一ミリ迫撃砲部隊の動きを取材した。

まず、基本的な迫撃砲部隊の布陣隊形と動き方を見ると、三門の迫撃砲を設置する地域の前方五〇〜一〇〇メートルの草むらの中に小銃武装の二名が前進し、左右両側面にも二名ずつが展開する。そして、後方に対しては五名以上が伏せ撃ちの姿勢で警戒に就いていた。後方の警戒を重視するのは、射撃方向に対しては自然と部隊全体が警戒をしているものだが、後方に対してはあえて意識しなければ隙ができるからである。

81ミリ迫撃砲を照準する陸上自衛隊員。

また実戦では、三門の迫撃砲から一〇〇メートルほど離れた位置にもう一門を配備するという。もし本隊の迫撃砲部隊が敵襲で壊滅してしまっても一門が残って対応できるように、部隊はできる限り二つ以上に分けておくとのことだ。

この布陣訓練を終えると、迫撃砲部隊は行軍に移る。そして突如「迫撃砲発射準備」の命令が発せられると、一分弱で四門の迫撃砲が行軍隊列の右前方に砲口を向けて設置される。見学していた自衛隊員の中から「速い」という声が漏れ聞こえた。

このときの米海兵隊の動きは、観測を基に正確な照準をしたのではなく、とりあえず右前方に砲口を向けて設置しただけである。迫撃砲は、正確に照準する射撃ばかりではなく、手軽さを活かして即応性を第一とする使用方法も大切である。この訓練では、米海兵隊は八一ミリ迫撃砲を使用していたが、兵士一名での簡易射撃も可能な六〇ミリ迫撃砲も多用していることから、米海兵隊が迫撃砲には正確さを犠牲にしたうえでの即応性も求めていることが見える。

このときの日米共同訓練では、自衛隊の迫撃砲部隊の取材をするチャンスはなかったので、他の訓練で見た自衛隊の動きと比べてみることにする。二〇〇〇年六月、北海道札幌南郊外にある西岡演習場で、第一一師団を中心にして行われた近接戦闘訓練を取材してみると、迫撃砲小隊は小銃小隊と行動を共にして前進していなかった。陸上自衛隊では、迫撃砲を小銃小隊の後方から支援する軽砲兵のように運用している。これは、前述の米海兵隊は小銃チームと迫撃砲チームをごちゃ混ぜにして編成していたのと比べて大きな違いだ。

続いて、二〇〇〇年七月に北海道東部の矢臼別演習場で第三師団が行ったヘリボーン訓練を見てみた。すると、CH47輸送ヘリを使った訓練では、小銃小隊と迫撃砲小隊が別々のヘリを使用してヘリボーンを行っていた。迫撃砲小隊は、八一ミリ迫撃砲を分解してリヤカーに乗せ、一機のCH47にリヤカー三台（迫撃砲三門）と迫撃砲小隊の隊員たちが搭乗している。

迫撃砲小隊の隊員たちは、個人装備の89式小銃をリヤカーに積み込んでいるため、ヘリ乗り降りの際に周辺警戒のため展開するような動きはしていない。だからといって、小銃小隊が迫撃砲部隊の周辺を護衛する動きにもなっていなかった。迫撃砲は、敵の脅威度が低いところに展開させるから周辺警戒を不要としているのだろうか。

迫撃砲の運用について述べると、後方に配備された迫撃砲部隊が指示された地点に射撃を加え、そ

米海兵隊は、迫撃砲を担ぐ者と小銃装備の歩兵がごちゃ混ぜで編成されている。

リヤカーを利用する陸上自衛隊の81ミリ迫撃砲部隊。

れと連携して他の部隊が動くことは、演習の中ではこなせる。しかし、距離が離れている部隊同士というのは、状況把握の違いや誤解などのトラブルが起こるものである。数キロメートル離れた部隊同士は、実戦状況下では演習のときのように巧くは連携できないと考えるべきであろう。最も怖いのは味方の頭上に砲弾の雨を降らせてしまうことである。

検問

二〇〇〇年一一月、宮城県の王城寺原演習場で陸上自衛隊第六師団第四四普通科連隊と、米第三海兵師団第六連隊による日米共同訓練が行われた。ここでは、指揮所近くの検問の訓練を比較することができた。

いずれも、味方の軍服を着た不審者が車で検問にさしかかったという想定である。車を停めて中の不審者を外に出させるところまでは日米ほとんど同じやり方だ。自衛隊は、二名の不審者をホールドアップさせて車から離れさせ、不審者自らの手で各自の装備品を外させる。そして、車のドアやボンネットなどを開けさせ、最後に検問の隊員が自分たちの手で不審者たちの所持品検査を始める。このときに不審者の一名が拳銃を抜いて抵抗しようとしたが、これを取り押さえた。

荒っぽく素早く動くのではなく、ゆっくりとした動きで、自爆攻撃を警戒していたために不審者から離れた位置で指示をする方法になっていた。一方、米軍のほうでも、検問の兵士の動きには自衛隊と大きな違いはなかったが、不審者が発砲（空砲）してきて銃撃戦になり、検問の兵士一名と不審者一名が射殺された点が大きく違っていた。

陸上自衛隊のほうでは、拳銃を抜こうとした不審者を射殺してはいない。一方、検問であろうが指揮所近くの後方であろうが、簡単に銃撃戦になると考えているのが米軍だった。自衛隊のほうは、できる限り銃撃戦を避けようとしているので、このような想定の差になって現れたように思える。

また、検問周辺に配置されている戦力にも大きな差があった。陸上自衛隊の検問にいた隊員の武装は、小銃と機関銃だけだったが、米海兵隊では、検問から二〇メートルほど離れた草むらの中に、M240B機関銃を構える機関銃チーム二名と、八三ミリ携帯式ロケットランチャー・SMAWを持つ二名、さらに検問近くの草むらの中には、四〇ミリグレネードランチャー付M16A2小銃を持つ者一名、M249機関銃を持つ一名を含む四名が待機していた。

陸上自衛隊では、後方へ潜入し検問をくぐり抜けようとする敵は少数のゲリラのような部隊と考えているようだが、米軍では、戦闘装甲車レベルで襲われても対抗できる戦力を配置している。ヘリボーンでの周辺警戒でもそうだったが、陸上自衛隊には、最前線と後方を区別して考える傾向があり、米軍は、どこにでも敵は襲ってくるものと考えているようで、最前線に近い状況になっても対処できるようにしている。

射撃

「日米両軍を比較して、日本のほうが優れている点はどこですか？」と日米共同訓練を経験している陸上自衛隊幹部に聞くと、「射撃の命中精度はわれわれのほうが上でした」との答が返ってくることが多い。

二〇〇〇年二月、北海道東部の然別演習場で行われた日米共同訓練では、両軍の小銃射撃訓練を見る機会を得られた。陸上自衛隊第五師団第六普通科連隊の三三名による89式小銃および62式機関銃の射撃訓練が始まった。三五〇メートル先の青い風船が標的で、小隊長は「距離三五〇メートルでも二五〇メートルでも、命中率にあまり差はなく、二〜三発目で命中させられます」と説明してくれた。

距離三五〇メートルでこの命中精度は、確かに他国の軍隊の射撃訓練に比べると、一般歩兵部隊としては高い。沖縄で米海兵隊のM16A2による射撃訓練を取材したことがあるが、標的までの距離が一八〇メートルと二七四メートルでは、標的の大きさは人間の上半身ほどの大きさ、四五七メートルになると全身像になり、自衛隊の用いている風船に比べると明らかに大きい。しかも、二七四メートルの射撃では「命中！」のコールは半数以下である。

しかし、陸上自衛隊では、二脚を使用して射撃をしているため、この命中精度の差を簡単に自衛隊の練度の高さとは言い切れないだろう。陸上自衛隊では、空挺団は、実弾射撃でほとんど二脚を使わないということだが、他の部隊は伏せ撃ちの場合は二脚使用がほぼ定着している。実戦では、いろいろな状況下で射撃しなければならないことを想定するなら、訓練では、あまり二脚を使わないほうがよいのではないだろうか。

然別演習場での米海兵隊による射撃訓練は、部隊を二手に分けることから始まった。一二名が突入部隊として移動をし、八名が支援射撃部隊として高台に伏せ撃ちの姿勢で配置に就く。

まず、高台の八名がM249機関銃とM16A2小銃による射撃を開始する。その射撃が終わると、突入部隊の一二名が数十メートル走っては立て膝や伏せ撃ちの姿勢で射撃をし、また立ち上がって走ることを繰り返す。そして、しばらくすると、突入部隊に対して「戻れ」の指示が無線で飛ぶ。突入部隊の全員が引き上げたのを確認すると高台で構える八名が再び射撃を開始した。

陸上自衛隊の射撃訓練が、標的に命中させることに集中したやり方になっているのに対して、米軍のほうは、部隊間の連絡や動き方、走ったり伏せたりをしながらの射撃などを取り入れた種目として行っている。

もう一つ気になったことは、米海兵隊の兵士は、射撃訓練のときには、全員が手元に各自の射撃成績データノートを持っていて、これには風向・風速などの気象データから、自分の射撃成績などまでが書き込まれていることである。陸上自衛隊ではこのような個人のデータノートは見たことがないのだが、なんらかの形でデータは保存しているのだろうか。兵士たちの射撃精度がデータ化されていれば、各自の練度アップのためばかりでなく、作戦を立てるうえでも役立つ。

役割分担の明確さ

一九九八年に岩手山演習場（岩手県）で二夜三日連続状況下の訓練を行っていた米陸軍第二五師団第二七歩兵連隊の一隊が、草むらから樹林帯への一角で休憩を取っていた。

この状況を見た陸上自衛隊幹部は、「米軍は、休憩を取る部隊と周辺警戒をする部隊が明確に分かれています。自衛隊では、休憩を取るときでも、あそこまでリラックスして休むことはできなくて、もう少し周辺警戒に気を使ってしまいます」と感想を漏らしていた。

この違いは、覚悟している戦闘の長さからくるもののようだ。自衛隊では、二夜三日の演習と決めればその期間だけで確実に終わる戦闘を想定している。しかし米軍は、短期で終わる予定の戦争が長期化した経験を踏まえ、戦闘が長期化しても兵士がバテないようにとの考えがあるのだという。

また、米海兵隊の特色といえる動きだが、少数部隊の作戦では、二人一組のバディーシステム(buddy system)が徹底している。この二人チームでは、一人が周辺警戒に徹底し、銃を構えるなどの姿勢は取らずに広い視野をもって監視に徹している。そしてもう一人ができる限り銃を射撃姿勢に保っているのだ。

沖縄のブルービーチ演習場での上陸訓練では、二人一組が五組一〇人となって隠密上陸の訓練を行っていた。海の中から海岸にダッシュして上がる際には、二人一組のチームが一つずつ上がり、他のチームは周辺警戒と射撃姿勢で支援している。そして、一〇人全員が上陸すると、その中で二組四名が後

米海兵隊員は全員、このようなデータノートを持っている。

米海兵隊では射撃姿勢の者と周辺警戒の者の役割分担が明確だ。

陸上自衛隊のゲリラ掃討戦では、2人とも射撃姿勢をしている。

方警戒の任務に就いていた。隠密上陸のように攻撃性の高い作戦において、兵力の四割を後方警戒に向けるという発想は陸上自衛隊にはほとんどない。

二〇〇〇年一一月に王城寺原演習場（宮城県）で行われた日米共同訓練で、UH1ヘリから降りて展開する動きを見ると、部隊全体の動きとしては、日米に大きな差はなく、ほとんど同じように、伏せ撃ち姿勢でヘリの周辺に周辺警戒の目を光らせていた。しかし、米海兵隊のほうでは、小隊長と小隊長付き無線兵だけは、伏せ撃ち姿勢をとらず立て膝姿勢で銃は構えずに周辺警戒と状況把握に徹していた。

この米海兵隊方式では、小隊長が最初の戦死者になってしまう危険があるわけだが、米海兵隊では、銃を構える姿勢の者と監視に徹する者の役割分担が徹底していることを改めて確認させられた。

ベテラン度

日米の兵士を見比べてみると、陸上自衛隊にはベテランの軍曹が多くて、米軍には新兵や訓練不足の兵士が多いというイメージがある。そのこともあり、日米共同訓練などでは、米軍のほうが訓練を基本から教えていて動きがトロいことが多い。

迫撃砲の実弾射撃訓練でも、砲弾の梱包を解くところから教育をしていて、初弾を発射するまでに四時間もかけていたこともあった。とくに米兵の苦手なものが雪上機動で、スキーなどはほとんどできない。北海道の陸上自衛隊員は、スキーで迫撃砲の陣地転換をこなしてしまうほど慣れている。

これらの差は、日米部隊の戦力の違いばかりではなく、訓練にベテランを投入するか新人を投入す

陸上自衛隊のスキー機動力は世界トップレベルだ。

るかの違いもある。自衛隊には、日米共同訓練という国際舞台で恥ずかしい姿を見せたくないという思いがあり、米軍は訓練不足の隊員に訓練の機会を与えているのかもしれない。

日本国内の演習場で行う日米共同訓練は、日本のほうが演習場慣れしているからスムーズに動ける。そのような中で米軍は、あえて新兵を訓練に派遣して教育しているようだ。たとえば、一九九九年一月に朝霞駐屯地（東京都・埼玉県）で行われた日米共同指揮所演習に参加した米陸軍第一軍団は州兵・予備役兵であり、同年二〜三月に北海道で行われた日米共同訓練に参加した米陸軍第一一一八六大隊も予備役兵であった。このように、米軍はベテランでない部隊に訓練の機会を与えている。

また、州兵・予備役兵に訓練の機会を与えるだけではなく、米海兵隊の訓練でも、基本を全員で確認し合う姿勢が徹底している。訓練の目的は訓練をスムーズに行うことではないということであろう。

この方針は、米第三海兵師団第一二海兵連隊第三大隊S中隊の一五五ミリ榴弾砲M198の射撃訓練のときにも見られた。班長が前進観測班から連絡を受けて、射撃諸元（弾種や装薬の数、方位角、仰角を表す四桁の数字など）を決めると、そのデータを全員に聞こえるように伝え、全員がそのデータを復唱する。

陸上自衛隊の一五五ミリ榴弾砲FH‐70の射撃については、第三師団、富士教導団によるものを取材したことがあるが、米海兵隊のような全員での声出し確認はしていない。

米海兵隊が実戦の場で、このような声出し確認をしているかどうかは不明だが、数門のM198で連続砲撃をしている轟音の中で、声は聞き取れないであろう。訓練だからこそ、基本から徹底して確認しているように思える。

「実戦さながらの訓練」というと、真剣度が非常に高い訓練で、訓練のめざすところだ。しかし、米海兵隊で見た訓練のやり方は、基本を忠実に確認しつつ動くことを重要視しているようで、どちらかというと「訓練と同じように実戦でも動く」ことをめざしているのではないだろうか。「実戦さながらの訓練」と「実戦の場でも訓練と同じように」の微妙な違いを見た思いだ。

実戦を知らない陸上自衛隊のほうが実戦さながらをめざしていて、実戦経験豊富な米軍のほうが、訓練は訓練らしく行っていたことが意外な発見だった。自衛隊の考えている「実戦さながら」は、本当に実戦に近いのか否か、立ち返って検討してみる必要があるかもしれない。間違えたままだと、ベテラン陸曹たちは「訓練ベテラン」の枠を出ていない落とし穴もありうる。

個人装備と食事

一九九八年一一月、岩手山演習場（岩手県）。雪が降り始めた頃の日米共同訓練に参加していた米陸軍第二五師団第二七歩兵連隊は常夏のハワイから来た部隊であり、陸上自衛隊第九師団第五普通科連隊は北国青森の部隊である。しかし、米兵からは風邪ひきは一人も出ず、自衛隊員は三名が風邪に倒れた。

米軍の使用している寝袋を見せてもらうと、ゴアテックス素材を用いたものなど三種類の寝袋を状況にあわせて重ねて使用できるようになっている。一方、自衛隊の使用する寝袋は、登山用品店で比較したら安物の部類に入るような代物だ。第九師団の幹部は、「こういう装備にも差があるんですよ」という。

同じく、この岩手山演習場での訓練のときだが、陸上自衛隊では、連続状況下訓練のときでない限り、隊員たちは兵舎に戻って炊事班の作った食事を食べていた。一方、米軍は、演習全期間（約二週間）を通してレーション（携帯食料）しか食べない。

この食事の差については、自衛隊も意識を変えたようで、二〇〇一年一一月に関山演習場（新潟県）で行われた第一二旅団による演習では、「演習期間中はすべてレーションになりました」とのことであった。

敵拠点攻略

ハワイで行われた市街戦訓練を、私は自分の目では見なかったが、その後、自衛隊専門紙の『朝雲新聞』など各方面の記事を読むと、米軍は大火力による制圧の後に突入を敢行したが、陸上自衛隊は、できる限りこっそりと潜入していたということである。

これなどは、どちらが優れているとかいうことではなく、想定している戦闘が違うのだろう。米国の軍隊は基本的には他国で戦うから、市街地の破壊などをあまり遠慮しないこともあるのに対して、陸上自衛隊の想定は主に国内戦闘である。国内戦闘の場合、巻き添えを食うのはほぼ確実に自国民なので、荒っぽい突入作戦は避けたいところだ。このようにいくら米軍が実戦経験豊富だとはいっても、そのまま真似すればよいわけではない。

一九九九年二〜三月に北海道で行われた日米共同訓練で、米陸軍第一―一八六大隊と陸上自衛隊第一一師団第二八普通科連隊の陣地攻略戦訓練を比較することができた。

陸上自衛隊は、高台にある敵の塹壕陣地に向かって横一列のまま接近し、八四ミリ無反動砲とＭＩＮＩＭＩ機関銃による射撃（空砲）を加えてから塹壕内に突入した。敵の機関銃が一挺でも生き残っていたら、突入部隊は機銃掃射で撃退されるのではないかと感じるような単純な突入作戦だった。

一方米軍は、高台の敵陣を攻略するという想定をせず、突入部隊を敵陣と想定する樹林帯に肉薄前進させ、その前進を援護射撃する形で高台の塹壕陣地から四挺の機関銃が吠え続けた。

米軍には、高台の敵陣を歩兵部隊だけで奪取するという発想はない。そういう戦闘に遭遇したら、空爆や砲撃による支援で叩き、塹壕陣地突入は徒歩部隊の任務ではないようである。このように、陣地攻略という同じ科目の訓練でも、想定内容がまったく違うものになっているところは重要である。しかも米軍の訓練では、敵陣に肉薄するところまでで敵陣への突入を行う前に状況終了となった。

米軍は徹底的な援護射撃（空砲）に四〇分以上かけていることから、実戦を知っている軍隊の慎重ぶりを見た思いだ。しかし、米軍が敵陣に突入せずに状況終了としてしまったところは残敵掃討の不徹底さの表れであり、米軍らしい戦争だとも感じた。

イラクやアフガニスタンの戦争で、米軍は国内インフラの拠点や主要な都市はさっさと制圧しているが、敵の隠れている辺境地域の掃討をきっちりとやらないために、敵対勢力の攻撃を押さえ込めていない。敵陣に兵を突入させない米軍の訓練を見て、何となく納得させられる。

米軍は、もし諸々の状況が不利になってきたら、イラクからもアフガニスタンからも撤退してしまえばすむことだが、国内でのゲリラ掃討戦を想定している陸上自衛隊は、敵拠点に兵を進めて殲滅しなければならない。こういう点でも、日米の想定している戦争スタイルの違いが現れている。

徒歩行軍の健脚ぶり、カムフラージュ、陣地構築、雪上機動など、陸上自衛隊が米軍よりも優れている分野も多い。しかし、陸上自衛隊が想定すべき戦い方は、山の中に隠れて侵攻軍を待ち伏せ奇襲するような戦い方ではなくなっている。

海外派兵にしても、日本国内での特殊部隊やテロ・ゲリラ部隊掃討戦にしても、陸上自衛隊の側は堂々と姿を現した状態での作戦遂行になり、つまり、米軍に似た戦術を採ることになる。そのような傾向を考えると、自衛隊が米軍方式を採用する分野は、今後さらに増えてくるであろう。

3　実戦下の兵士と自衛隊、徹底比較

間隔を空けろ！

「兵士同士の間隔は、昼間は八メートル、夜間は三メートルを空けること。前の者が走ったら走り、前の者が止まったら止まれ。この間隔は指示がない限り変えるな。銃のセーフティーレバーを確認しろ。先頭を行く者以外は全員セーフティーにしておくこと。セーフティー解除の余裕もない状態で射撃をすると、同士討ちの危険のほうが敵にやられる危険より大きいからだ」

これは、一九八八年、中米の小国ニカラグア政府軍のジャングルにおける戦術行動訓練での一コマである。兵士同士の間隔を詰めすぎると、一発の砲弾の破片や機関銃の一連射で数名がやられる危険があるので、戦場では、できる限り間隔を空けなければならない。しかし空け過ぎると、後続の兵士が迷子になって部隊が分散してしまう危険がある。だから、実戦を戦う歩兵部隊では、この兵士間の間隔を確実に体で覚えさせようとしているのだ。

こういう点を注意しながら見ていくと、陸上自衛隊では兵士同士の間隔を、あまり意識していないように思えた。たとえば、バトラーを用いた近接戦闘訓練でも、敵の陣取る丘の下で、一個小隊が団子状になっていた。

このとき、小隊長が「散らばれ」と命令しているのだが、具体的に、「そこの誰それ、左へ一〇メートル行け」と具体的な指示をしていないので、部隊はほとんど分散展開できなかったのである。

その点、ニカラグアでは、「昼間は八メートル、夜間は三メートル」と具体的である。もちろん、この数字は状況によって変わるもので、たとえば、夜間のジャングル行軍では三メートルも空けたら部隊はバラバラになってしまうのが実態である。

しかし具体的な数値があれば、「夜のジャングルで三メートルでは空け過ぎだから、何メートルにしようか」と考えるもとにはなる。当時のニカラグア・サンディニスタ政府軍は、ソ連の軍事顧問に教えられていたので、ジャングル戦には適してない内容もあった。この「昼間は八メートル、夜間は三メートル」は、一九七九～八九年にアフガニスタンに侵攻していたソ連軍のノウハウかもしれない。

だが実際の戦闘ともなると、この兵士同士の間隔はキープできず詰まりがちになる。ロシア軍包囲

兵士同士の距離を空けるニカラグア軍兵士。

近接戦闘訓練における陸上自衛隊は、隊員が団子状に固まっていた。

下のグロズヌイで戦っていたチェチェンゲリラたちは、ロシア軍に肉薄する直前までは、兵士間を五メートルほどに保ち、狙撃の危険がある地帯を突破するときには二〇メートル空けていたのだが、日没直後にロケット砲撃を食らうと、五~六人が団子状になってしまった。

戦闘下で、自分の近くに仲間がいないのは孤独なものである。パニックになると、どうしても、戦友のいるところへ近寄りたくなる。このような心の誘惑をコントロールするには、訓練のときに、厳密すぎるほどに基本を叩き込んでおくことである。

自衛隊では、兵士同士の間隔を神経質に意識していないようだが、戦争をあまり経験していない軍

チェチェン人ゲリラ部隊は、兵士同士が５メートル空くようにしていた。

緊迫してきた歴戦のチェチェンゲリラたちも団子状にまとまり始めてきたので、指揮官が散らばるように指示している。

隊は、他の国でも似たようなものだった。NATO（北大西洋条約機構）軍の訓練を取材した際に見たイタリア軍空挺部隊のフォルゴーレ旅団のパトロール訓練では、とりあえず、兵士同士の間隔を五メートルほど空けようとしているのだが、精鋭の空挺部隊にしては曖昧だった。つまり、ちょっとでも違う状況が発生すると、とくに指示なしでも、数人が団子状になってしまうのである。

また、米陸軍第一機甲師団の兵士による渡河訓練でも、周辺警戒の兵士の間隔が一〜二メートルしか離れていなかった。ドイツに駐留していた米第一機甲師団は、ヨーロッパ戦線でワルシャワ条約機構軍と対峙する主力部隊ではあったが、実戦にはあまり縁のなかった部隊である。しかも、機甲師団（戦車師団）の歩兵部隊なので、空挺部隊や海兵隊に比べると歩兵としてのきめ細かい動きは苦手だっ

イタリア軍空挺部隊フォルゴーレ旅団は、それほど兵士同士の間隔に気を使っていない。

ドイツ駐留の米第１機甲師団の歩兵も兵士同士の間隔が近すぎる。

たのかもしれない。いずれにしても、兵士同士の間隔を保つことは、頭ではわかっていても、現場ではなかなか難しいものである。ある意味、兵士同士の間隔を見れば、その部隊の精鋭度がわかるともいえる。

ロケット砲と狙撃ライフル

歩兵部隊のことを陸上自衛隊では、普通科部隊という。その中でも小銃や機関銃などを中心に武装している「いかにも歩兵」というイメージの部隊を小銃小隊といい、その下に三個の小銃班がある。普通科部隊の中には、その他に迫撃砲や対戦車ミサイルなどの部隊が含まれている。

陸上自衛隊の小銃班は七〜一〇人が基準で、戦車等を撃破できる火器として個人携帯式の八四ミリ無反動砲一〜二基がある。ロケット弾の数は八発程度ではないだろうか。一方、戦場の実戦部隊を見てみると、チェチェンのゲリラ部隊は、一一人の部隊で、RPG2発射機四基と弾を一八発、一発だけで使い捨てタイプのRPG18も二基、合計二〇発を持っていた。明らかにチェチェンゲリラのほうが対戦車ロケットの数が多い。

これは、チェチェンゲリラたちは、ロシア軍の戦車に対して、一発必中で慎重に狙って撃つのではなく、数発を同時発射する戦術を用いているからである。無反動砲やロケット弾の命中率はそれほど高いものではない。そして、一基の発射機から連続射撃ができないうえに、発射するとその噴煙のために発射地点を簡単に敵に発見されてしまう。つまり、もし一発で仕留められなかったら、次弾装填までの無防備なところを敵戦車の反撃でやられてしまう危険が大きい。だから、数基による同時発射で命中率を高めるのだ。

陸上自衛隊の訓練を見ていると、一発ずつ撃っては評価確認をするというのんびりぶりだが、これでは戦車砲の猛反撃を食らっているはずである。つまり、訓練の想定が実戦を知らないまま作られているのだ。たとえば、冒頭で紹介したバトラー戦では、一発目で敵戦車が小破したわけだが、この場合に敵の戦車が反撃してこなかったのは、非現実的である。小破させられた戦車がおとなしくなどしているわけがないだろう。

携帯式ロケットは、戦車などの戦闘車両だけに有効なわけではなく、弾頭を対バンカー用に変えれば、建物の中に陣取る敵歩兵に対しても使われる。小銃と機関銃が中心の陸上自衛隊の小銃班では、遮へい物に隠れている敵を正確に狙撃するという考えだが、チェチェンゲリラのやり方は、ロケット弾で建物ごと破壊してしまうのだ。これは、チェチェンゲリラ特有の方法ではなく、アフガニスタンやボスニアでも採られていた使い方である。

さらに、陸上自衛隊の小銃小隊を見て装備のうえでの欠陥を感じるのは、狙撃ライフルがないことである。「重火器の砲弾が飛び交い、空爆やミサイルの嵐の中で、一発を当てる狙撃なんて出番がほとんどないし、大した意味もない」と思われるかもしれないが、ボスニア戦争でも、チェチェンにしても、狙撃兵の存在感は大きいのだ。ボスニアで戦うセルビア軍には、一〇人の部隊の中で二人が狙撃兵という編成もあり、チェチェンゲリラは、他の武器は旧式しかない中でも、狙撃ライフルだけは最新式のものを入手していた。

ボスニアでセルビア軍狙撃兵と対峙したことのあるクロアチア兵は次のように語っていた。

「われわれは一二人の部隊で前進していました。そうしたら、突然一発の銃弾が一人に命中したのです。完璧に偽装して待ち伏せしている狙撃兵は、まず発見できません。動けば次の一弾が自分の頭にぶち込まれるかと思うと身動きができなかった。このときは、たった一発の銃弾で一二人が敗退ですよ。当たらない弾がヒュンヒュンたくさん飛んでいるより、命中する一発が怖いものです」

その後、セルビア軍狙撃兵に従軍取材する機会を得た。すると、ユーゴスラビア製のM77狙撃ライフルを持つ兵士の傍らには必ずカラシニコフ自動小銃を持つ一人がいる。彼は、狙撃位置を発見した敵が接近戦闘をしてきた際に小回りの利く射撃で応戦するのだ。そして、M77狙撃ライフルの兵士の斜め後方には二脚で設置式のM53機関銃が構える。遮へい物から飛び出して移動しようとする敵兵の

チェチェンゲリラが抱える円筒形のものがロケット弾だ。ロケット弾の数が多い。

M77狙撃ライフルを持つセルビア人狙撃兵。陸上自衛隊には狙撃ライフルがない。

動きを封じるのである。狙撃兵は、不注意な動きをして体の一部を見せる敵兵をひたすら待ち、必中の一弾を見舞うのである。この三種類の火器をセットにしたチームに待ち伏せをされたら、一二人の部隊でも、勝ち目は薄いという。

狙撃ライフルというと、遠くの敵を狙うというイメージが強いが、それほど遠くない敵を確実に仕留める使い方にも有効である。サラエボの市街戦では、一〇〇メートル以下の距離での銃撃戦が多発していたため、一般兵士の持つ自動小銃でも当てられる距離なのだが、狙撃兵にスコープで照準されていると思うだけで、その射程範囲内は、一瞬でも走り抜けることはできなくなっていた。やはり、「確実に当てられる」という恐怖感は非常に大きいのである。弾を撃ちすぎると射撃位置を発見されるが、一発で仕留める狙撃兵の位置を見つけるのは困難なので、市街戦のような近距離戦闘でも怖い存在になる。

陣地構築の手を抜くな！

陸上自衛隊第一空挺団（落下傘部隊）に七年間いた元隊員は、「体力を使い切った行軍のあとで、野営する前に塹壕を掘らなければならないのが、最もつらかったです」と言っていた。陣地構築は地味な作業だが、敵の攻撃を受けた場合に、陣地がしっかりしているか否かの差は大きい。第二次世界大戦で日本軍が、圧倒的な米軍の攻撃に対して孤立無援ながらも一矢を報いる戦いをしたタラワ島、硫黄島、沖縄、ペリリュー島などは、いずれも堅固な陣地がものを言っていた。飢餓状態でインパール・コヒマ戦線からビルマへ退却してきた部隊の中にも、野営の前には必ず陣地構築をして犠牲を最小限にとどめた部隊もあった。

陸上自衛隊の施設教導隊による陣地構築訓練の中で、地下式の機関銃陣地を取材した。まず、機関銃陣地を作る場所を決めたら、そこを二メートルくらいの深さまで掘り下げる。掘り下げたところにライナープレートを設置して組み立てる。ライナープレートとは、組み立て式の金属製円筒管で、この円筒管の中が機関銃座になる。

機関銃陣地用の円筒管の直径は、一・五メートル程度ではないだろうか。この円筒管を横にして設置し、射撃方向に管の口を向ける。ライナープレートの設置を終えたら、円筒の開放口に防弾版を組

硫黄島の慰霊碑。硫黄島戦では、巧妙な陣地戦を展開した効果があって、孤立無援の劣勢な戦力にもかかわらず、死者+負傷者の総数では、米軍のほうが犠牲が多かった。

陸上自衛隊の機関銃陣地は、円筒形のライナープレートの中にある。狭いので、射撃手が中腰の姿勢になる。

セルビア軍の機関銃陣地は直立の姿勢で射撃できる。また、銃眼口が自衛隊のものより小さい。

み込んで銃眼口を作る。設置されたライナープレートの上には一メートルくらいの厚みで土を被せる。機関銃陣地の位置が敵に知られては意味が半減するので、これらの作業は、カムフラージュネットを藤棚のように張った下で行う。この構造だと、一〇五ミリ級榴弾砲の直撃でも耐えられる。

陸上自衛隊の機関銃陣地は、サラエボ最前線のセルビア軍のものと比べると、隠ぺい性でも堅固さでも勝っている。また、ライナープレートを使用するなどシステム化されているので、構築にかかる時間もかなり短くてすむ。しかし、陣地内の居住性はセルビア軍のもののほうが優れている。自衛隊の機関銃座では、機関銃手と弾薬手の二人が入ると、中腰の姿勢を強いられるため、長時間の戦闘や緊張になると苦しいのではないだろうか。セルビア軍の機関銃座は、直立して、あるいは椅子に座った姿勢で撃てるようにしてあるので、一〇時間以上の戦闘になっても耐えられるであろう。

また、もう一つ大きな違いは、銃眼口がセルビア軍のものは、ほとんど外を監視できないくらい小さいのに対して、自衛隊の銃眼口は、はっきりと敵を識別して照準できるくらい大きい。取材現場で私がこのことを言うと、広報担当官が、「おい、中隊長、セルビア軍の銃眼口は、もっと小さいそうだぞ。実際の戦場の話を聞いてみなさい」と施設部隊の中隊長を呼びつけてくれた。

中隊長と話をしてみると、サラエボ戦線での敵味方の交戦距離が五〇～一五〇メートルなのに対して、ここで見た自衛隊の機関銃陣地は、四〇〇メートルで射撃することを想定していたので、銃眼口が大きいのは当然だろう。また、長時間の戦闘に耐えられるか否かの点では、サラエボ戦線は二年以上にわたって膠着していたが、自衛隊の機関銃陣地は、戦場が頻繁に移動していく機動戦の中の一環としての一時的な陣地だという。つまり、部隊の移動に伴って撤収して移動していくわけで、また一度でも発砲したら、その位置を発見されるので機関銃陣地は撤収するという。

このような一時的な陣地にもかかわらず、セルビア軍の恒久的な陣地よりも堅固に作っていることから、陸上自衛隊がいかに陣地構築を重要視しているかがわかる。これは、第二次世界大戦末期に、米軍の大攻勢を経験した日本陸軍の兵士たちが血と汗で習得した経験だといわれている。

カムフラージュ

第二次世界大戦で、圧倒的に優勢な空軍力を持っていた米軍は、カムフラージュにはそれほど気を使っていない。米軍以外でも、ロシア軍やヨーロッパの軍隊は、それほどカムフラージュを重視していないようだ。それに比べると、陸上自衛隊のカムフラージュは芸術といえるほど徹底している。

東富士演習場（静岡県）で機動演習をする富士教導団の74式戦車は、砲身の先端まで草を巻きつけたカムフラージュを施して前進していた。砲身の直線的なシルエットは樹林帯の中に隠してあっても目立つので、戦車のカムフラージュの中でも最も気を使うところだ。「晴れている日は、午後になってカムフラージュの草がしおれてきたら、戦車兵たちは作戦を遂行しながらでも新しい草に取り換えていきます」と言う。

戦車や火砲よりもカムフラージュに手間がかかるのが、ヘリコプターである。陸上自衛隊のヘリコプターは車輪がなくスキッド（ソリのような形の脚）のヘリが多いので、不整地の場合、基本的には着陸した地点から移動させられない。着陸した地点は、ヘリがローター（プロペラ）を回転させて離着陸できるだけの開けたスペースなので、目立つ平原になってしまう。

陸上自衛隊では、着陸したヘリのボディーに迷彩シートを被せたら、その上からカムフラージュネットを被せる。観測用の小型ヘリＯＨ６は、ローターをすべて包み込むようにカムフラージュネットを被せ、中型ヘリのＵＨ１では、ローターを別個に包み込んでいたが、ＣＨ47のような中型以上の輸送ヘリやＵＨ60ブラックホークになると、ローターはむき出しのままである。

カムフラージュネットは、赤外線探知装置による発見を回避するためのもので、人間の目で見るとそれほど完璧な偽装にはなっていない。もっとも、輸送ヘリがある場所に敵の歩兵や偵察が来てしまうようでは、そのヘリ部隊の作戦は失敗で、待ち構えていた敵に撃墜されるであろう。時速二〇〇キロメートル程度の低速で爆音を轟かして飛ぶヘリコプターは、敵の射程距離に入ってしまったら、撃墜されやすい脆いものなのである。

職人技ともいえるカムフラージュテクニックを施した陸上自衛隊の74式戦車。

UH１ヘリコプターのカムフラージュ。

陸上自衛隊では、89式小銃の実弾射撃訓練で二脚を使用している。銃を白いカバーで包むほどのカムフラージュの徹底は世界トップレベルだ。

一方、観測ヘリや攻撃ヘリは、前線に近い位置に展開する可能性が高いので、ローターをすべて包み込むなど、隠ぺい性のレベルは輸送ヘリなどよりも高い。着陸地点も、着陸しやすい広い場所を選ぶのではなく、ぎりぎりのスペースしかない場所に降りている。誤差が一メートルもあったら、ローターを樹木にぶつけてしまうのではないかと思われるような場所に着陸していた。

ボスニア戦争やインド・パキスタン戦争、トルコ軍のクルドゲリラ掃討作戦、エルサルバドル内戦などでも、ヘリコプターを使用した作戦は見てきているが、これほど、着陸後の偽装に気を遣って着陸地点を選び、しかも、カムフラージュネットですべてを包み込んでいる軍隊は見たことがなかった。

また雪景色に溶け込む冬季迷彩になると、兵士たちの個人装備にも細かい差があり、陸上自衛隊のカムフラージュはレベルが高い。89式小銃や62式機関銃は白いカバーやシーツで覆い、八四ミリ無反動砲には白いビニールテープを巻いている。米軍では、白い冬季迷彩服の上にカーキ色のマガジンポーチやベルトなどを装着しているが、自衛隊では、これらポーチ等も白いものを使用している。近くで見ていると大した違いは感じないのだが、悪天候の雪原などを行軍している姿を見比べると、自衛隊員の姿はかなり巧く雪景色に溶け込んでいて、とくに距離感が把握しづらい。

私が雪景色の戦場を経験したのはボスニアだけだが、白い布で冬季迷彩を施している兵士にはほとんど会っていない。この違いは、自然と調和して生きていこうとする日本人と、自然を征服しようとする欧米人の民族性の違いではないかと感じる。それに加えて、日本人は細部にこだわり、手先が器用だということも大きいだろう。

撃ったら迅速に移動せよ！

チェチエン人ゲリラ部隊とともにロシア軍の包囲下のグロズヌイにいたとき、「ドンドンドン」とロシア軍の砲撃音がしても、チェチエンゲリラたちは「あれは大丈夫だ、われわれのところを狙ってはいない」と落ち着いていたかと思うと、「来るぞ！」とあわてて伏せることもあった。砲撃の発射音で、自分たちの位置が狙われているかどうかがわかっていた。

一般的に、「ドーン」とか「ドウン」という低い音であれば、自分のところに弾は飛んでこない。それが「ダン」「バン」「タン」と高く短い音になるにしたがって、敵火砲の軸線が自分のほうへ一致してきているのだ。しかし、これは、「ドーン、ドウン、ドン、ダン、バン、タン」と連続して音が高く短くなった場合に判断できることであって、突然聞こえた「ドウン」が安全というわけではない。

では、なぜチェチェンゲリラたちは、発射音から判別できていたのだろうか。それは、ロシア軍が砲兵陣地の場所を移動しないで、同じ位置から同じ地点を狙って射撃していたからである。だから「あの音は、あっちの地域が狙われてる音だ。こっちのあの音は危いぞ」とわかるのだ。撃たれる側はかなり神経過敏になっているので、だいたい三～四回も同じ地点から同じ目標への射撃を食らえばわかる。つまり、砲撃というのは、同じ位置から何度も射撃していては敵をやっつけられないということである。

チェチェンから帰国してしばらくしてから、陸上自衛隊第三師団第三特科連隊の一五五ミリ榴弾砲FH70による射撃訓練を見てみた。トラックで榴弾砲を牽引した部隊が移動してくると、突然の射撃命令が下る。大隊長が射撃準備の命令を下し、それぞれの砲は、適切な位置に布陣していく。大隊指揮所には、射撃照準の基準となる測量機器が設置され、そこから、それぞれの砲に対して砲身を向けるべき角度が指示されていく。実弾射撃訓練ではなかったので、発射準備完了までの動きを行い、すぐに今度は撤収して移動になる。

「敵を発見したら、一刻も速く射撃しないと、敵は移動してしまい、またわれわれ砲兵隊が敵に発見される危険があります。砲兵隊というのは、攻撃火力は絶大なんですが、発見されて攻撃されると脆いので、発見されないことが大切です。しかし大砲は、射撃をすれば発砲炎が出るので、その時点で必ず敵に位置を発見されたと考えます。だから、必要な射撃を終えたら、敵の反復砲撃でやられないように、一刻も速く撤収して移動です」と、特科（砲兵）大隊長は説明してくれた。

これは、三〇キロメートル級の長距離射撃をする榴弾砲だけでなく、数キロメートルの射程で撃つ迫撃砲も同様である。そのため、北海道や東北地方の陸上自衛隊員は、スキーを履いたまま迫撃砲の設置や撤収、移動をテキパキとこなせるほど素早い。雪の中で陸上自衛隊ほど素早く迫撃砲を設置、撤収、移動できる軍隊は、特殊部隊を除けば世界の中でもほとんど類をみない。ロシア軍のように、砲の位置を動かさずに何度も射撃を繰り返すようなことは、陸上自衛隊にとっては考えられないだろう。

自衛隊は、一九五〇年に警察予備隊としてスタートし、「陸海空軍その他の戦力は、これを保持しない」と憲法で明文化している中で軍隊になってきているため、不十分な形でしか軍備を整えられなかった。東西冷戦時代には、「軍隊があるぞ」と見せることによってソ連による侵攻の意図を挫くことを当面の目的としていた。とくに、陸上自衛隊にはその色彩が強いため、「戦車が一〇〇〇台以上あるぞ、火砲もミサイルもあるぞ」という感じで、「いかにも主力兵器」と思わせる兵器から揃えている。

しかし、近年のように、ゲリラ・テロ、特殊部隊などが当面の脅威になってくると、自衛隊は、見せることでよかった軍隊から実際に使える軍隊に変わっていくことが求められている。その過程で、「狙撃銃がない、対戦車ロケット弾が少ない、無線機が少ない」などの欠点がみえてきているわけだ。

4　海上および航空自衛隊の実力

日本は島国なので、敵に侵攻される場合、海と空の戦いから始まると考えてよい。海と空の戦いは、兵器のスペック（性能）や数量に代表されるような戦力、兵士の訓練度もさることながら、国家を支える技術力や経済力などの国力が強い側が戦争でも強いという理論が成り立ちやすい。つまり、朝鮮民主主義人民共和国（北朝鮮）のような国が、兵士の気合いで日本の海上および航空自衛隊を撃破するなどということはほとんどありえないのだ。では、海上および航空自衛隊は、具体的にどのように優れていて、どの部分が弱点になっているのかをここでみていきたい。

世界トップレベルの海軍

海上自衛隊の戦力は、世界の海軍の中でもトップレベルで、米海軍に次いでナンバー2といっても過言ではないだろう。海上自衛隊の主力となる五〇隻以上の護衛艦は、対水上艦戦闘、対空戦闘、対潜水艦戦闘のすべてをこなせる総合戦闘艦で、これらの水準は世界トップレベルにある。

有事の際の海上自衛隊の重要任務の一つが米空母部隊の護衛のため、日本と米国の共同訓練の回数は非常に多い。そして、海上自衛隊の艦艇は、米空母部隊と同レベルの作戦を遂行できるように鍛え上げられている。最新鋭のイージス護衛艦は日本には四隻もあるが、これは、日本と米国しか所有していない軍艦である。これも、米空母護衛という任務のために米国から所有を認められている（所有

海上自衛隊の持つ50隻以上の護衛艦は世界トップレベル。

イージス護衛艦「きりしま」。

LCACはホバークラフト型で、世界で最も優れた上陸用兵器だ。

を強要されたとの見方もある)。

海上自衛隊の護衛艦は総合戦闘艦だが、その中でも対潜水艦戦闘を重要視した設計になっている。それは、島国日本の生命線はシーレーン(sea lane)だからだ。そのことは第二次世界大戦で米国・英国・中国・オランダによる経済封鎖(ABCD包囲網)などで徹底的に味あわされ、シーレーン防衛のうえで最も厄介な敵が潜水艦だという経験があるからだ。つまり、海上自衛隊は、対潜水艦戦という最も難しい分野に強いわけだ。

そして、対空戦闘に重点を置いているのがイージス護衛艦である。イージス護衛艦がほかの艦艇より優れているのは、ミサイルなどの搭載兵器ではなく、フェーズド・アレイ・レーダーという最新式のレーダーと、収集した膨大な情報から適切な攻撃指令などに至る指揮統制のコンピューター機能である。

フェーズド・アレイ・レーダーは半導体技術の進歩と高出力素子の出現で生まれたレーダーで、従来の回転式レーダーに比べると、複数の目標を同時に探知し攻撃に移れる点と、探知距離が伸びた点などで優れている。回転式レーダーでは、レーダー面が違う方向を向いている瞬間には、飛来するミサイル等の探知ができなくなるが、フェーズド・アレイ・レーダーは、一瞬の隙もなく監視しているので、高速で接近するミサイルでも弾道を探知できる。また、同時に多数のミサイルや攻撃機が接近してきても、すべてを撃ち落とすことが可能になってくる。

海上自衛隊は、米海軍との共同作戦が前提であり、米国が最新技術を英国以上に優先して日本にまわしてくれるから、レベルが高いのは当然だろう。だが、そのおかげで、海上自衛隊の最大の弱点は、米海軍抜きでは機能しない面があることだ。それゆえ海上自衛隊は、米海軍第七艦隊の補助艦隊と揶揄されることもある。

米軍秘密部隊を追う

海上自衛隊の中枢部や機密性の高い部分には、いかに米軍が入り込んでいるかを示す例があるので、以下に紹介してみよう。

「青森県の下北海洋観測所と北海道の松前警備所に米軍秘密部隊がいる」という情報が、地元の米軍ウォッチャーからもたらされたため、一九九八年一月二一日、雪の降りしきる中、ある雑誌記者と共に松前に到着した。前日までは下北半島で取材をしていたのだが、米国人たちは、一九九七年一二月二〇日に神奈川に引き上げたとのことで、空振りに終わっていたのである。

翌一月二二日、午前中にさっそく海上自衛隊の松前警備所へ向かった。まず、門外の駐車場でYナンバーの車を探してみたが見当たらない。Yナンバーというのは、駐留軍人と軍属の私用車だけにつけられたナンバーであり、在日米軍関係の人の車である。機密度の高い松前警備所の取材など許可が下りるはずもないから、警備所には近寄らずに町中へ戻った。喫茶店でコーヒーを飲みながら米国人について聞いていくと、松前は小さな町なので、すぐに詳しい人の話を聞くことができた。

米国人たちの住む家を教えてもらえたので、さっそく行ってみることにした。町の裏手の丘を上がったところで、平屋の一軒家と二階建てのアパートが二棟ずつあり、ここに四～五人の異国人が住んでいるとのことである。一軒ずつドアをノックしてみる。すると、アパートの下の階の住人がドアを開けてくれた。黒人とラテン系の混血という感じの女性である。自己紹介をしたうえで質問に移った。

――自衛隊で働いてるのですか。

「隣の人と奥の人は自衛隊で働いてます。私は、コミュニティセンターで英会話を教えてます」

――自衛隊で働いているのは、米国の軍人ですか。

「いえ、米国政府の者です。コンピューターの技術者です」

ここまで会話が進んだところで、奥から「あまりしゃべるな」という注意があり、彼女は会話を中断して部屋の中に戻ってしまった。

町へ戻ってから、雑談に乗ってくれそうな主人の店で食事をしながら米国人のことについて聞いてみると、米国人たちがコミュニティセンターでやっている英会話教室に通っている人に会うことができた。その中の一人が、「昨日、イボンヌから電話があって、転勤で二月七日から横須賀へ行くことになったって言うんですよ」と、最新情報を教えてくれた。話してくれそうだったので、いろいろ聞いてみる。

――イボンヌというのは米国人の隊長の名前ですか。われわれは下北の町も取材していたのですが、そこのスナックに「イボンヌ」という名前の書かれたボトルがあったんですよ。

「そうです。イボンヌは女の隊長です」

津軽海峡に面する海上自衛隊の松前警備所。

米軍関係者の使用するＹナンバー車。

――松前の米国人は全員引き上げるんですか。何人いたんですか。

「今は全員で七人です。二～五月くらいの間で、時期にはバラツキがあるようですが、全員引き上げるみたいです」

――家族連れの人はいましたか。

「全員単身です。家族は連れて来てはいけないことになっているらしいんです」

――メンバーはよく交替するんですか。

「今の隊長のイボンヌさんは、去年の一〇月に来たところで、それ以外の人もたいがいは五カ月くらいで交替していました」

――仕事の話はしていましたか。

「いえ、仕事の話は聞かないでくれと言われてましたので。名前も教えてくれない人もいました。すごく厳重な機密保持の中で働いていたようで、その規則を少しでも犯すと本国へ送還ということらしいのです」

そうこう話しているうちに「イボンヌに電話してみましょうか」ということになり、電話をかけて私に代わってくれた。取材で来ていることを正直に伝えて、イボンヌさんを取材したい旨を伝えると「海上自衛隊のカワグチさんを通してください」と丁寧に断られた。まあ、断られるのは当たり前だろう。

しばらくして、海上自衛隊からわれわれのいる店に電話が入った。英会話教室でイボンヌから英語を教わっているその人は、「いえ、秘密についてなど、何もしゃべってません。知りませんから」と答えつつ、雑誌記者に受話器を渡す。電話の相手は松前警備所のタカノ氏という人で、雑誌記者が「タカノさんと会って、お話を聞かせてもらえますか」と聞いてみたが断られた。ほとんど要件のない電話で、われわれがインタビューしてる相手にあまりしゃべらないように釘をさし、われわれメディアの者がここにいることを確認する目的だったのであろう。

「こんな脅しめいたことをされたのは初めてですよ。今の電話、なんか嫌な感じです」と、その人は自衛隊のスパイ監視のような電話には怪訝な顔をしていた。長居しては迷惑がかかりそうだったので、他へ移動して聞き込みを再開すると、さらにいろいろな話を聞かせてもらえた。「松前に勤務している米国人はハワイに勤務していた人がほとんど」、「米国人たちは、毎週月曜日に人事発表を受けている」「横須賀と頻繁に行き来していて、たまに横須賀から別の米国人も来る」などである。

そうこうしてるうちに、日も暮れてきたのでスナックへと足を運ぶ。何のツテもない町で情報を得るにはスナックがいい場合が多い。最初からマスターに「米国人の取材で来てるんですけど、自衛隊から注意の電話ありましたか?」と正直に聞いてみると、「ありました。メディアの取材が来ているから、もし米国人がスナックに飲みに来ていたら、あまり出歩かないように伝えてほしいと言われました」とのことである。

午後一〇時半、イボンヌの家を突撃取材する。自衛隊の電話から三時間はたっているので油断している頃であろう。米国人たちの住む家の前には紺色のシビックが停めてある。ナンバーは横浜のYナンバーである。イボンヌの家には電気が点いていた。私が呼びかけて雑誌記者が写真を撮る手筈とする。

ドアをノックする。そして「ハロー、ハロー、イボンヌさん」と呼びかけると、部屋の中で人の動く気配が見えた。そしてカーテンと窓が開いて女の人が顔を出した。彼女は、自分がイボンヌであることは認めたが、それ以外の質問に対しては「自衛隊のカワグチさんを通してください」と言うばかりである。内容のあるコメントは不可能なので、ほとんど意味のないやり取りをしている隙に、雑誌記者が背後から「カシャッカシャッ」と写真を撮った。イボンヌも、撮影されたことに気づいたようで「グッバーイ」と言って、窓とカーテンを閉めてしまった。これ以上深追いをしても海上自衛隊と摩擦を起こすだけで得るモノはなさそうなので、松前の町を離れることにした。

海底固定ソナー

松前の人たちとその後も電話でやり取りをしていると、イボンヌたちは二月七日以降、順次横須賀へ撤収したことがわかり、横須賀の米軍基地へ電話攻勢をかけてみた。内線を一つ一つ呼び出していって「イボンヌさんお願いします」とやるのである。こうしてやっと保安群分遣隊の中にイボンヌという女性がいるのがわかった。同時に、インターネットを利用して米国軍人データベースで調べてみると、横須賀基地には「イボンヌ・J・レイド」という名前があり、階級は大尉に相当するO‐3で海軍保安群分遣隊の所属になっていた。イボンヌのアドレスは、カリフォルニア州モントレーのDLI（国防総省言語研究所）になっている。DLIというのはロシアや中国など敵性国家の言語を研究している部署で、研究成果はそれらの国の言語や特有の文化による暗号の解読などにも活かされている。

松前で突撃取材をかけたイボンヌと、このアドレスのイボンヌが同一人物である確証は取れていないのだが、もし同じ人物であれば彼女たちの任務は潜水艦内の通信内容や会話を傍受して解析することなのかもしれない。もはや、ロシアの潜水艦のスクリュー音なんか探知できて当たり前で、今では潜水艦内の会話まで傍受できる、という説もある。

また、松前警備所からは海底固定ソナー（ＳＯＳＵＳ）が海中に伸びているとみられている。このＳＯＳＵＳについては、公表されている資料は何もないのだが、一九七〇〜七一年にかけて、海上自衛隊は長さ二〇〇キロ、三三〇キロ、一五〇〇キロという海底ケーブルを三本購入していて、これがＳＯＳＵＳであるとみられている。そして一九七二年頃、松前警備所沖でケーブル敷設艦「つがる」が一週間ほど停泊して作業をし、海底ケーブルが松前警備所に引き入れられているのが漁師たちに目撃されている。これらのことと、仕事内容を明かせない米国人が七人も常駐していたことなどから、

米軍秘密部隊の隊長、イボンヌさん。

潜航している潜水艦を発見することは、現代の科学技術をもってしても至難の技だ。

津軽海峡には、日米の軍事機密に関するトップシークレットが存在し、また海上自衛隊の中枢・機密事項の中には米軍人がしっかりと入り込んでいることが示されている。

対潜戦は科学技術の枠

ＳＯＳＵＳについては正面からの取材ができないので、周辺から聞いた話からの推測になってしまうが、対潜水艦作戦を語るうえで、知っておいたほうがよい。そこで、ＳＯＳＵＳに関わっている海上自衛隊海洋業務群という部署について述べてみたい。

「音響測定艦の乗組員とは、ほとんど人事交流がないので、知り合いも一人もいません。彼らが、どういう任務を行っているのかは聞いたことがないのです」

これは、海洋観測艦に乗り組んだことのある隊員を取材したときのことである。「あわよくば音響測定艦の話が聞けるかもしれない」と思って質問したのだが、やはり厚いベールに包まれていた。

「海洋観測所や海峡を監視する警備所がどういう任務をしているのかは、広報の人間には絶対に教えてくれないのです。下北海洋観測所からはＳＯＳＵＳが、千島列島の南に沿って伸びている、という噂は聞いたことあるのですが、あくまで噂です」

これは、海上自衛隊の広報で、やはり海洋業務群のことを質問してみたときのことである。軍事の世界にはトップシークレットはいくらでもあるが、対潜戦のデータに関わる海洋業務群の活動については、秘密にされている範囲が非常に広い。艦の出港入港から活動海域など、その任務のすべてともいえる範囲が極秘扱いなのである。「数字などのデータを知りたいわけではないのだから、訓練や作業の現場を取材したい」と申請しても、「海洋業務群の対潜戦関連は無理です」とのことだった。

対潜戦では、水温、潮流、塩分濃度、海底の地質などの海中データが重要である。潜航中の潜水艦を発見するためには音波だけが頼りであり、音波の伝わり方は、これら海中データによって大きく変わるからである。たとえば、水深百数十メートルのところには温度逆転層があって、浅い角度で入射した音波は、ここで反射されるため深海に達しないという現象がある。そのため、潜水艦が温度逆転層の上にいるか下にいるかで、戦術はかなり違うものになってくる。

また、深海では、海水密度が高くなっているため音速は速くなり、深度による速度差のおかげで音

P－3C哨戒機は、１機で四国に相当する海面を警戒できる。海上自衛隊はP－3Cを約80機も所有している。

追い詰めた敵潜水艦を撃沈するには、対潜ヘリコプターSH60Jが有効だ。

波は直進しなくなる。これらの複雑な現象に、さらに水温、潮流、塩分濃度、海底地形などの変化が加わるのだ。いざ対潜戦が開始された場合、ふだんから蓄積してあるデータによって勝敗が分かれるということが想像できるであろう。

そのためのデータを収集しているのが海洋観測艦である。海洋観測艦は、XBT、CTD、ナンセンなどの観測器材をワイヤーで海中に下ろして、定められた水深における水温、塩分濃度などを測定する。深海の水温はそれほど変化しないので、一度データを取った海域では、それほど観測を繰り返す必要はないが、浅海のデータは変化が激しいので頻繁に観測して新しいデータに変えていかなければならない。

観測する海域では、採泥器をワイヤーで海底まで下ろして海底の泥などを採取する。海底の地質が堅い場合には破砕式により削り取り、軟弱地盤の場合には、柱状式によって抜き取るように採取する。採取した泥を分析すると、その海域の塩分濃度も測定できる。沿岸海域で潜水艦作戦が行われる場合は、海底地形と地質が重要なファクターになってくる。

また機雷戦においては、機雷を敷設するにも除去するにも海底データは重要だ。最近は、米ロの原子力潜水艦が深海で対決するケースはほとんどなく、地域紛争などに対して沿岸海域で作戦を展開することが多くなっているので、沿岸海域のデータは重要性を増している。米国海軍は戦わずして世界のほとんどの海を制覇しているわけだが、湾岸戦争（一九九一年）の際には、イージス巡洋艦「プリンストン」と強襲揚陸艦「トリポリ」がイラク軍の機雷に触れて大破している。沿岸作戦における機雷の脅威は、艦艇にとってミサイルや魚雷よりも大きいかもしれない。

これがトップシークレット部分

前にも述べたように、音響測定艦については機密性が高いため、私は乗組員のインタビューを取ることもできていない。以下で述べている内容は現場取材を通しておらず、対潜戦の専門家の間でいわれている一般論であることは断っておきたい。

音響測定艦は、長さ数十キロともいわれる曳航式ソナーを引きながら潜水艦のスクリュー音や機械音を探知している。各潜水艦からは、その艦固有の音が発せられているため、この音を探知して分析できれば、その艦のタイプが特定できる。この固有の音を音紋という。音響測定艦は平時には、あらゆる艦船の音紋を取得してデータベース化しているのである。

こうしてみると、音響測定艦は、平時に音紋データを収集している船と思われるかもしれない。しかし、音響を収集する技術が最も優れている船だということを考えれば、戦時でも、最初に敵潜水艦を発見するのは、実は音響測定艦だということが想像できるであろう。数十キロの長さに及ぶ曳航式ソナーでは、数千キロメートル離れたところにいる船の音紋を探知できたという記録もあり、その聴音能力は、他のいかなる艦船よりも圧倒的に優れている。

潜水艦の音紋を聴音する装置としては、海底に敷設されているSOSUSがあるが、当然ながら、SOSUSは、その場所がわかってしまっては効果半減なので、敷設場所は明かされていない。そして、SOSUSを敷設する敷設艦の運行スケジュールも極秘である。

護衛艦なども含めて、海上自衛隊の艦艇の動きは、表向きには秘密ということになっているが、実弾射撃訓練の日時の予告をしておかないと航行船舶が危険に晒されることや、入港する港の受け入れ態勢などの都合上、現実には海上自衛隊の艦艇の動きは秘密にされていないことが多い。そんな中で、敷設艦の動きは、乗組員にも行き先を告げないほど極秘になっていて、敷設作業をしている海域も知らされていない場合も多い。海洋観測艦も、出港前には行き先を知らされないが、航海中には知らせてもらえるという。敷設艦のほうが機密性が高いということになる。

潜水艦との戦闘を描いた映画や小説、漫画は多く、そのほとんどは、駆逐艦や潜水艦など戦闘部隊による作戦行動になっている。しかし現実には、対潜戦の勝負は、データ蓄積とＳＯＳＵＳのような監視の網の目の張り方の時点で、ほとんど決まっている。潜航中の潜水艦を発見しようとする場合、広い範囲から見当をつけて絞り込んでいく時点では、四発プロペラエンジンの哨戒機Ｐ－３Ｃが有効

音響測定艦「はりま」。

敷設艦「むろと」。

だが、潜水艦を発見して攻撃・撃沈するためには、SH-60J哨戒ヘリコプターで行う。深く潜航している潜水艦に対しては、懸下式ソナーを深々度まで吊り下ろして聴音しなければならず、この作業はホバーリング（空中停止）のできるヘリコプターでなければできないからである。

しかし、SH-60Jのパイロットでさえ、「潜水艦を発見できることはほとんどありえません」と言う。これらの声と専門家たちの意見を総合すると、「敵潜水艦らしきものを発見」の第一報は、やはりSOSUSや音響測定艦から発せられることになる。つまり、対潜戦の主役は、哨戒ヘリや戦闘艦艇ではなく、海洋業務群だといってもよいかもしれない。

海洋業務群は、海上自衛隊の中でもほとんど注目されていない。だが現実には、ハイテク戦争の時代になっていけばいくほど、このような縁の下の力持ち的な部隊が、実質的に戦況を支配している。近代戦を理解していくためには、戦闘部隊よりも、このようなマイナーだがハイテクな部隊にしっかりと注目していく必要がある。二〇〇一年に海上自衛隊は、音響測定艦の配備数を増やすことを決定している。

艦内クルーの素顔

さて、海の戦闘を語ると、どうしてもメカやシステムの話が中心になりがちで、そこで働く兵士についてのことがおろそかになる。そこで、護衛艦「うみぎり」の艦内クルー幹部をここで紹介してみたい。

艦長（一佐）の仕事は当然、艦全体の指揮である。もう少し具体的に言うと、各士官が判断したことをもとに最終決断をし、実行の許可または命令を与える。艦長以外の士官たちは判断まではするが、決断をするのは艦長だけである、ということになる。だが、護衛艦が一隻で戦闘行動をするケースは少なく、そうなると、艦長とはいえ艦隊司令の指揮に従うことになる。こうなると、艦長でさえも「決断」の範囲はかなり小さくなる。海上戦闘というものが、徹底的にチームプレイだということを表している。

こうした厳格な組織行動の中でも、やや浮いた存在なのがヘリコプターだ。ヘリは護衛艦に所属しているのではなく、陸上基地に所属し、護衛艦に出張してくるという形になる。「うみぎり」には千葉県館山市の二一航空群のヘリが来ることになっているのだが、機体もパイロットも、とくに「うみぎり用」として決まっているわけではない。しかし、このヘリを指揮する飛行長と整備要員は艦内勤務となっている。

飛行長（三佐）の仕事は、艦内でのヘリの管制だが、飛行長になるためには相当豊富な経験が要求される。護衛艦への発着官の資格と管制官の資格を持ち、飛行時間は最低でも一五〇〇時間以上。実際には三〇〇〇時間以上を飛んでいる人がなることが多い。

砲雷長（三佐）は、対空、対潜、対水上艦のすべての戦闘に対する兵器を指揮している。その中で、出港から入港まで常時警戒態勢を解除できないのは対潜警戒だ。

そして戦闘中に、最も即断が要求されるのはＣＩＷＳ（レーダーで探知したミサイルに対してコンピューターでリアルタイムに照準を合わせ、毎分一〇〇〇～三〇〇〇発の連射速度で二〇ミリ機関砲弾を発射するミサイル撃墜用の六銃身バルカン砲）である。対空ミサイル、速射砲で撃墜できなかったミサイルを撃墜する最後の守りであり、ＣＩＷＳが撃ち損じたら護衛艦がやられることになる。戦闘中、ＣＩＷＳを作動させるか否かは人間の判断だが、作動させてしまえば、射撃はすべてＣＩＷＳのコンピューターが判断する。このようなハイテク兵器がある場合、どちらかというと、戦闘行動そのものよりも、敵味方の識別のほうに労力と時間がかかる、という。

海の男の中でも、とくに船の底のほうで汗と油にまみれて重労働というイメージがあるのは機関場である。機関長は出張中とのことで、機関士（二尉）の指揮するエンジン制御室を訪ねた。すると、汚れ一つない部屋で、冷暖房まで完備されていて、「機関場は艦内で最もクリーンな職場ですよ」とのことである。

ガスタービンエンジン艦の「うみぎり」にはボーイング７６７のエンジンが四基搭載されている。ガスタービンには、旧来のディーゼルエンジンに比べて、緊急出港ができるとか故障が少ないなどの利点がたくさんあり、また、人員もディーゼルエンジンに比べると半数に削減できて、「うみぎり」の機関場は三五人（定数は四七人）、最新式の「むらさめ」型では、さらに半数に削減できている。機関場の仕事は、航海中はエンジンや発電機などの保守で、具体的にはメーターの異常などをチェックすることである。「どちらかというと、機関場の人間は航海中よりも停泊中のほうが忙しいです」という。

なるほど、船乗りだからといって、停泊中＝休暇ではない。そこで、護衛艦の年間スケジュールを聞いてみると、一年間に四〇～五〇日がドック入りで、修理メンテナンス等に費やす日数がさらに約三〇日。航海日数は約一三〇日で、残りが港湾に停泊している日数になるが、リムパック（米国を中心にして行われる太平洋上での多国間合同演習）や海外派遣などに参加すると、その分の航海日数が増えることになる。

陸の歩兵は、武器と弾薬を担いで出かければ一人でも戦力になる。いわば一人で一個戦闘単位を形成する。それに比べると、海軍は、艦のすべての部署が機能して初めて一個戦闘単位となる。そのためのメンテナンス等にかかる日数・労力を考えると、膨大な人員、装備、システムに支えられて初めて戦闘能力を発揮できるものである。陸兵の銃や戦闘車両は、故障したら武器庫で交換すればいいという考えでも成り立つが、軍艦乗りはそう簡単にはいかない。

これら陸兵と海の兵隊の違いを見ていくと、海軍のほうが各人の個性を発揮しづらく、官僚的・従属的にならざるをえない環境が見えてくる。現実に、自衛隊が米軍補助部隊であるという構図の中で、最もそれを感じているのは海上自衛隊幹部である。護衛艦艦長や対潜哨戒機の機長を数回こなした二〜三佐クラスの自衛官に、対米従属への不満を唱える者が多い。アメリカの意思に逆らえないもどかしさを実感している立場のようだ。そして、退役将官の中では、海上自衛隊ＯＢが最も対米従属の考えに固まっているように感じた。

軍事を語るうえで、兵器のスペックやシステムばかりでなく、現場の兵士たちの人間性に注目しておくことも大切なことである。

緊急発進

「ジーン、ウー」と、スクランブル発進のブザーが鳴り響くと、アラート（緊急発進）待機室から、搭乗員四名と整備員四名が、アラートハンガーに向かって飛び出した。スクランブル発進をする二機のＦ－４・ファントム戦闘機の要員である。ブザーが鳴り響くと同時に二つのアラートハンガーの前後のシャッターが開く。カマボコ型のハンガーの中には、F-4戦闘機が一機ずつ格納されている。

パイロットは梯子を一気に駆け上がって、コックピットに収まる。整備員は、各部署の作動正常を確認し、燃料ホースを取り外すなどの作業を素早くこなす。

約一分後から、「キーン」というエンジン音が一段と大きくなる。整備員はF-4の正面に立ってパイロットに両手で合図をし、パイロットは各種の操作を行う。そして約三分後には、合図に従って、F-4はアラートハンガーから出てきて、タキシング(地上滑走)を開始、滑走路の端へと向かった。

これは、実際のスクランブル発進ではなく、われわれ視察訪問団に見せるための、デモ・スクランブ

護衛艦「うみぎり」の機関室。

緊急発進のためF-4ファントムへ走る、沖縄那覇基地の航空自衛隊。

ルである。

スクランブル発進のために待機している戦闘機は、二機が一チームとなっている。最初に飛び立つ二機は「五分待機」と言われていて、緊急発進の命令が飛び込んでから、五分で離陸できる態勢になっている。その二機以外に、もう二機が「三〇分待機」の状態で待機しているが、実質的には「五分待機」とほとんど同じ状態が整っている。

スクランブル発進というのは、このように一刻を争う行動なのだが、沖縄の航空自衛隊那覇基地には、大きな問題がある。それは、那覇空港が民間航空機と共同利用のため、戦闘機の都合だけで、緊急発進ができるとは限らないことである。たとえば、那覇空港に着陸する旅客機が滑走路に向かって、完全に着陸態勢に入っている場合などは、スクランブル発進のF‐4が待たされるのだ。

那覇空港は、青森県の三沢空港などのようなローカル空港に比べると、旅客機の発着回数が圧倒的に多い。さらに海上自衛隊の哨戒機P‐3Cの部隊も共同利用している。スクランブル発進の任務を背負っている部隊が配備されている空港としては、あまりにも押し込めすぎである。

米空軍の嘉手納基地を日米共同利用にするようにできないのだろうか。那覇空港の数倍の広さを持つうえに、常に閑散としている嘉手納基地を見ると、当然の疑問として、そう感じざるをえない。このことを航空自衛隊の幹部に聞いてみたところ、その提案は、とくに米国が拒絶してるわけではなく、日本側から提案していないだけらしい。

西日本方面で中国機に対するスクランブルが増えたとはいっても、やはり、スクランブル回数の半数は、ロシア機に対してのものである。北海道・千歳基地のアラートハンガーも、沖縄のものと同様の造りである。アラート待機室の両側に、アラートハンガーが二つずつあり、どちらか一方の二つのアラートハンガーが「五分待機」として準備万端整えている。私が千歳へ行った一〇月下旬は、そろそろ雪もパラつき始めていた頃ということもあって、アラートハンガーを常に暖め、F－15を冷やさないようにしてあった。一刻を争ってエンジンを全開にしていくうえで、F－15全体を常に温めておいたほうが無理がないからである。また、パイロットと整備員が駆け出すエリアは、コンクリート面が凍って滑ることがないように常に温水が撒かれている。

アラートハンガーの中に案内されると、やや汗ばむくらいの暖かさに保たれていて、アラート待機室や兵舎などより明らかに温度は高く設定されていた。外気との温度差のため、ハンガーを構成する金属材が「パチパチ」と音をたてていた。スクランブル発進をするF－15は、二〇ミリ機関砲弾九〇〇発と赤外線追尾ミサイル二発を装備している。

沖縄のときと同様に、こちらでもデモ・スクランブルを見せてもらえることになった。スクランブル発進のブザーとともに駆け出すパイロットと整備員の動きは、沖縄のスクランブルと基本的には同じである。気づいた違いとしては、千歳のF－15の場合は、二機に取り付くのが、パイロット一名と整備員三名であった点だ（沖縄のF－4では、二名ずつ）。

最初の二分間は、F－4とほとんど同じスピードで作業をこなしていた。しかし、F－15は、この二分後の時点から、「キーン」というエンジン音を轟かせたまま、約一分間動きが止まる。コックピット内のパイロットと機体の正面に立つ整備員が、手信号と無線でやり取りをしているだけである。この一分間は、F－15の電子部品を暖気しているのだ。この暖気運転のために、F－15は、F－4に比べて、ハンガーから出てくるまでの時間が約一分遅かった。

自信と気合い溢れる

千歳基地の視察訪問団には、第二次大戦中に零戦に乗っていた人なども含んでいた。その中の一人、年配の男の人がパイロットたちに「君たちの中でスホーイ27を追尾したことのある者は？」と聞くと、四人全員がサッと手を挙げた。さらに、最も若い二五歳のパイロットに「スホーイ27を見てどう思いましたか？」と質問を続けると、「勝てると思いました！」と自信を持って即答してきた。訪問団の中からは「素晴らしい答をしてくれる」という感嘆の声も上がり、「太平洋戦争初期の零戦パイロットの気合いに似たものを感じる」との声も聞こえた。

スクランブル発進後は、未確認機に後方から接近して写真撮影を行う。上から下から側面からと、自分の機体をコントロールしながら徹底的に撮影していくのである。カメラは特別なものを使うわけではなく、一眼レフに二〇〇ミリの望遠レンズを付けたものを、飛行機を操縦しながら片手で扱う。とくに、武装やレーダーなどのセンサー類がはっきりとわかるように撮影しなければならない。「撮影が下手だと叱られるんですよ」とのことだ。

一機目が撮影をしているときには、二機目が斜め後方から援護射撃の態勢で飛び、撮影が終了してもまだ撮影が可能であれば、二番機が入れ替わって撮影を開始する。スクランブルにおけるこれらの行動は、非常にレベルの高い技術が要求されるのと同時に、相手機の性能や技量、航法なども体で実感できる貴重なチャンスであり、実戦経験のない自衛隊の中で、スクランブル・パイロットは、最も実戦に近い体験を繰り返していることになる。

実戦経験などなくても、スクランブル・パイロットを経験した人たちは、「スクラブル発進して敵機

航空自衛隊の主力戦闘機は、約200機のF-15戦闘機だ。

に追尾できる技量があれば、あとは撃墜なんてボタンを押すだけですから不安はありません」と言い切る。戦後五〇年間以上、ソ連／ロシア軍機に対するスクランブルを続けてきている航空自衛隊は、考えようによっては、最も多く、ソ連／ロシア機と追いかけっこを経験している空軍かもしれない。しかも、ソ連／ロシアは隣国なのだから、緊急度も常に高い。たとえば、米空軍機がスクランブル発進するのだとしても、日本の場合よりも、距離的なゆとりが大きいだろう。

航空自衛隊はそのまま実戦に投入しても、他国軍とほとんど遜色なく一流の活躍をするだろうといわれている。しかし、航空自衛隊も海上自衛隊と似たような弱点、つまり、まずは米軍ありきで成り立っているところがある。攻めてくる敵機は、航空自衛隊の戦力で迎撃し撃墜できるのだが、敵の基地を叩く長距離爆撃機や巡航ミサイルを持っていないため、防御一辺倒で攻撃に転ずることができない。これでは敵国の戦争遂行能力を奪うことができず、戦争を終わらせることもできない。日本は敵の侵攻をガードし持ち堪え、米軍が反撃のパンチを繰り出すという役割分担になっているのである。

ただし、これも、空中給油機を導入して戦闘爆撃機の航続距離を伸ばし、対地攻撃用の爆弾を購入または開発すれば、問題はほとんど解決する。二〇〇三年六月、アラスカで行われた米国との共同演習「コープサンダー」では、航空自衛隊のＦ - 15戦闘機が米空軍の空中給油機ＫＣ１３５Ｒからの空中給油訓練を行い、米空軍からも「日本のパイロットの腕はパーフェクトだ」と絶賛されている。

青森県の三沢基地から配備が進んでいる最新鋭のＦ - ２支援戦闘機は、爆撃任務を重視した戦闘爆撃機である。また、Ｆ - 15戦闘機は、日本では戦闘機としてのみ使用しているが、機体の容量、エンジン出力などの点では、米空軍のＦ - 16戦闘爆撃機などより大きく、爆撃機として使用しても一流の機体である。つまり、日本に「その意志」さえあれば、航空自衛隊は、簡単に完璧な空軍になれるのである。

Ⅱ

戦場の現実

戦う生き方を選んだ男たち

戦場は、生と死が背中合わせだ。傍らの友の死、密林での急襲、砲撃の中で過ごす夜、部下の命に責任を持たなければならない司令官……。極限の状態の中で、兵士たちは何を思い、どう行動するのか。泥と汗と血と、火薬と、情念にまみれた戦場で、兵士たちが行き着く先はどこか。

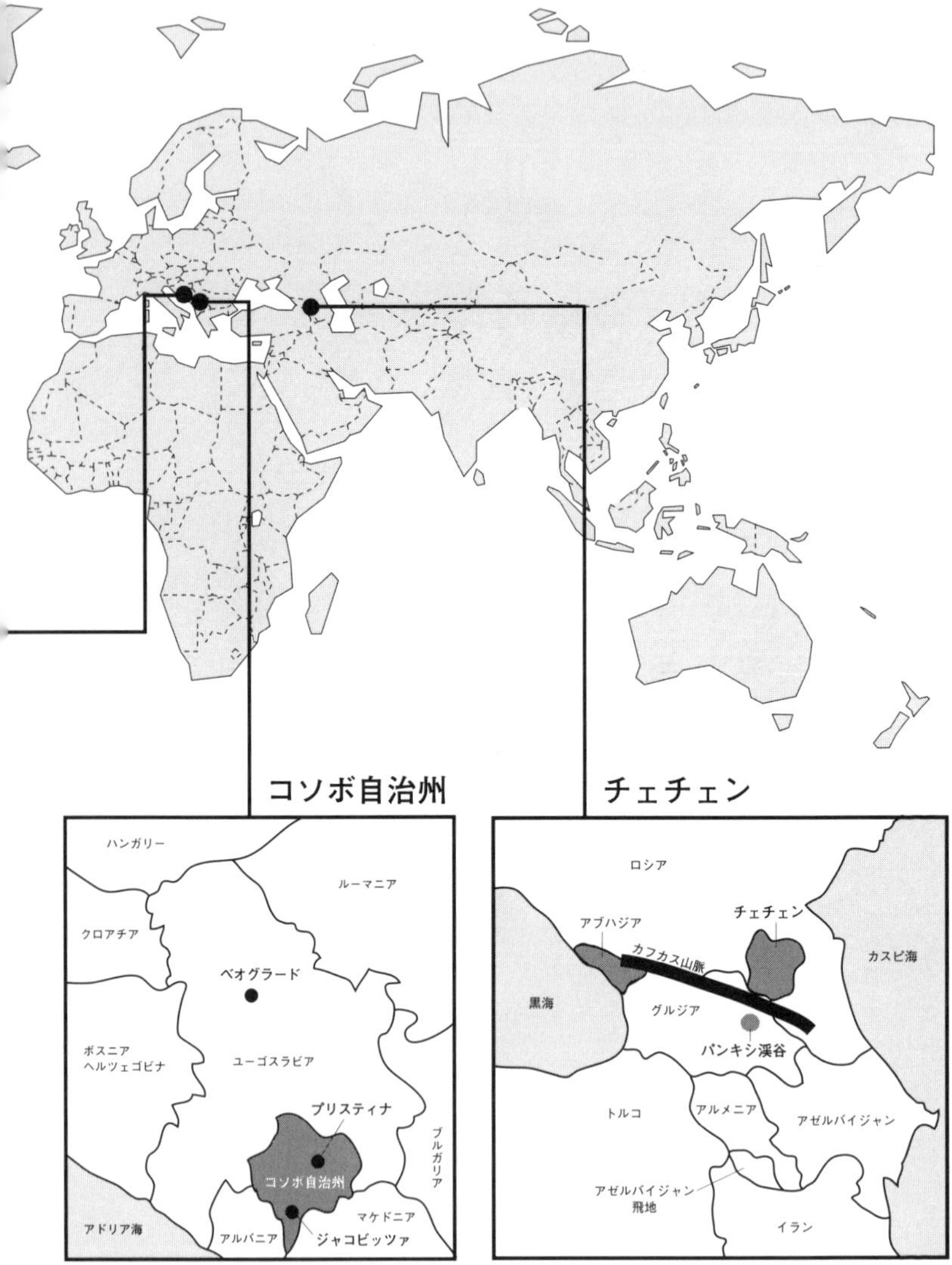

コソボ自治州
チェチェン
ハンガリー
ルーマニア
クロアチア
ベオグラード
ボスニア
ヘルツェゴビナ
ユーゴスラビア
プリスティナ
ブルガリア
コソボ自治州
アドリア海
アルバニア
マケドニア
ジャコビッツァ
ロシア
アブハジア
チェチェン
カフカス山脈
カスピ海
黒海
グルジア
パンキシ渓谷
トルコ
アルメニア
アゼルバイジャン
アゼルバイジャン
飛地
イラン

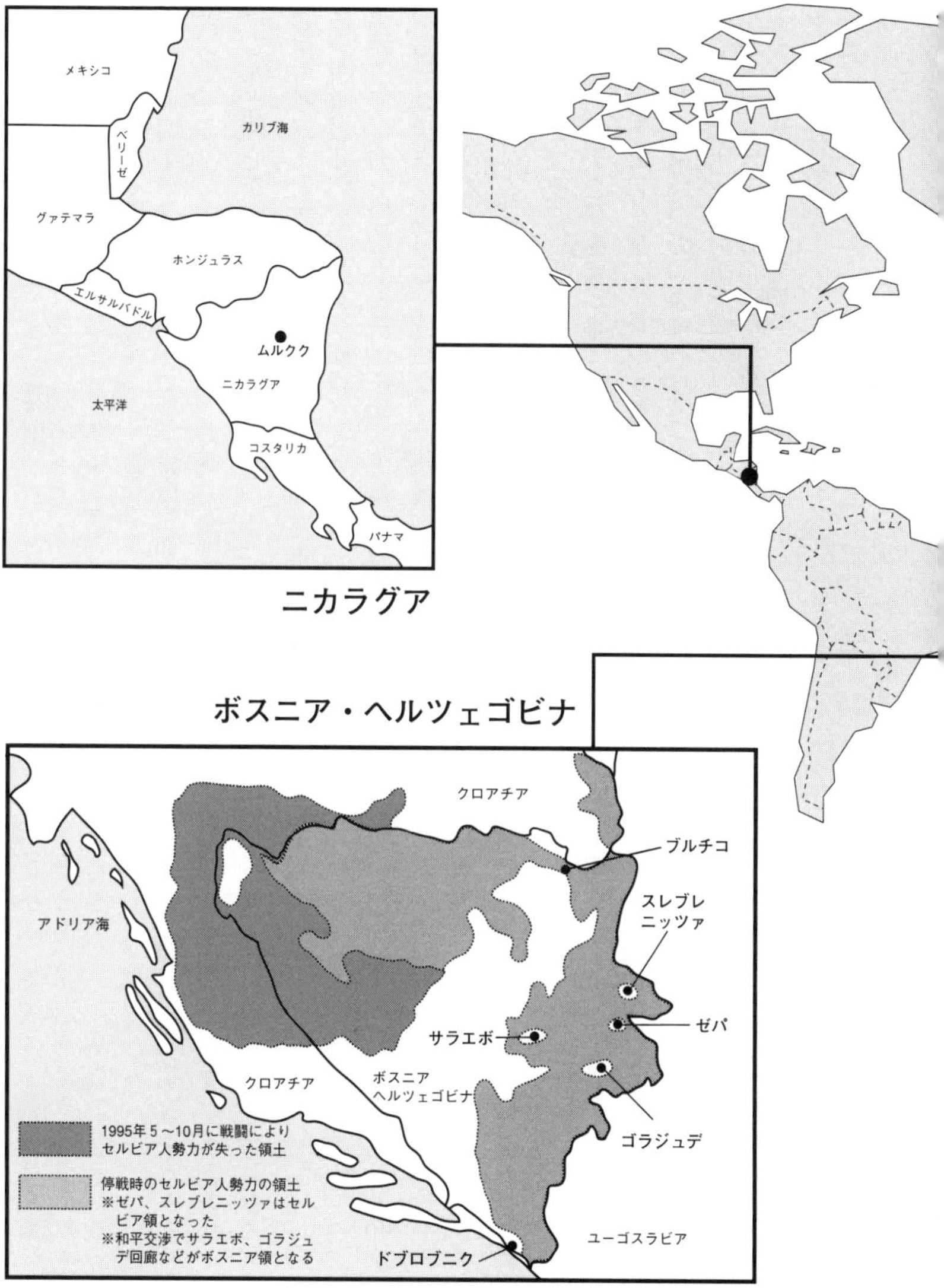
メキシコ
ベリーゼ
カリブ海
グァテマラ
ホンジュラス
エルサルバドル
ムルクク
ニカラグア
太平洋
コスタリカ
パナマ
ニカラグア
ボスニア・ヘルツェゴビナ
クロアチア
ブルチコ
スレブレニッツァ
アドリア海
ゼパ
サラエボ
ゴラジュデ
クロアチア
ボスニア
ヘルツェゴビナ
1995年5～10月に戦闘により
セルビア人勢力が失った領土
停戦時のセルビア人勢力の領土
※ゼパ、スレブレニッツァはセルビア領となった
※和平交渉でサラエボ、ゴラジュデ回廊などがボスニア領となる
ドブロブニク
ユーゴスラビア

1　戦友が死体となる瞬間

一九九四年一二月一一日、ロシア軍は、約五万の兵力をもって、北カフカスの小国チェチェンへ侵攻した。このとき、世界のほとんどは、大国ロシアが簡単にチェチェンを制圧すると考えていたため、ほとんど関心を示していない。しかし、チェチェン人部隊は市街地で頑強に抵抗を続け、首都グロズヌイに突入したロシア軍は、予想を上回る苦戦を強いられた。

一九九五年二月、ロシア軍はチェチェン共和国の首都グロズヌイの約九割を制圧していたが、その包囲下で、約一〇〇人のチェチェン人決死隊がまだ踏ん張っていた。私は、東隣のダゲスタン共和国からチェチェン入りし、グロズヌイの決死隊に合流することができた。とはいうものの、最初から包囲下に突入する覚悟ができていたわけではなかったので、自分が包囲下に入ったことがわかったときには、「生きて帰れない場所へ来てしまったのかもしれない」という恐怖と後悔で膝がガクガク震えてしまったのである。

だが包囲下といえど、地下司令部から最前線部隊までは約二キロあり、ここを身を隠したり走ったりしながら毎日往復して取材を繰り返していた。この日も、日没直後に前線の塹壕を飛び出して、砲撃の合間を縫いつつ、本部に戻ってきたのである。

すると、決死隊の中で唯一、英語をしゃべれるダゲスタン人の義勇兵から、「われわれの司令官に会ってくれ」と言われた。

強硬派司令官、シャミール・バサエフ

地下に降りると、「ブルルルルルン」という発電機の音がしていて、その発電機から一番近い部屋が司令部になっていた。その部屋の左端には、髭もじゃの男がどっかりと座っている。一目見て「この男が司令官だな」とわかる風格を持っていた。

「日本人のカトーです」と挨拶をすると、彼は「私は、グロズヌイ戦線の司令官シャミール・バサエフだ。まあ座って、ここで食事でもしていってくれ」と自己紹介をしてきた。バサエフとの会話には、ダゲスタン人が通訳として入ってくれる。

私が椅子に座ると、バサエフは「カートさん。あなたは、昨日、今日とわが軍の最前線を見てきてるね。どう感じましたか」と質問をしてきた。バサエフの「カートさん」というまのびしたアクセントは、彼の厳しい表情とはあまりにもアンバランスなのだが、それゆえに妙に親しみを感じてしまう。また、日本人の名前には最後に「さん」をつけることも知っていた。

「隠れている場所を発見されて、強烈な砲撃と空爆で叩かれたら、部隊は大打撃を受けると思います」と、あまりにも当然すぎる答をした。最前線の部隊もここの地下司令部も、地下室を利用してはいるのだが、砲爆撃の直撃に耐えられるシェルターにはなっていないので気になっていたのだ。正確に照準されて直撃弾をぶち込まれたらおしまいである。おそらく一五二ミリ級の榴弾砲弾の直撃を食らったらキツいのではないだろうか。すると、バサエフはゆっくりと目を伏せてから頷いた。

そして「その通りなんだ。だから、敵に発見される前にこっちから奇襲攻撃に出て、ロシア軍を大混乱させてやるんだ。今それをやるしかない。しかしさっきの無線連絡で、ドダエフ大統領が、攻撃

は待てと言ってきた」と、重い口調で不満を述べてくる。

ドダエフ大統領（一九九六年四月二一日に戦死）は、チェチェン独立派の大統領で元ソ連空軍少将。チェチェン人の間では絶大な人気とカリスマ性があった。独立側の強硬な大統領として知られていて、ドダエフが独立の必要性を訴える演説に回っているところに私も一度だけ出会ったことがある。それは、グロズヌイへ突入する四日前のことだった。だがどうも、ここにいるシャミール・バサエフのほうがドダエフよりも強硬派のようだ。「この男が強硬派の中の強硬派なのか。強硬派がチェチェンにはたくさんいるんだなぁ」というのが正直な感想だ。

しばらくすると、前線視察から戻った副司令官がバサエフに報告をした。バサエフは私に、「今まで一カ月間のグロズヌイ市街戦で、ロシア兵はびびっている。奴らは、われわれから見たら全員新兵だ。われわれの部隊には、ソ連軍時代に優秀な将校だった者もいる。教官が新兵をやっつけるようなものだ。ロシアの新兵が何を教わっていて、何を教わっていないかはすべてわかっている。やれば勝てるんだ」と力説してきた。

バサエフの意見に対して、なんとなく頷いていると、バサエフは通訳を通して、「カートさん、どう思う」と確認をとるように聞いてくる。

「火力で圧倒的に優勢なロシア軍を撃退できるのでしょうか」と疑問を投げかけてみた。さすがにバサエフの迫力に対して、「たった一〇〇人の部隊で奇襲しても勝てないと思います」とは言えなかった。本当は、そう感じていたのだが。

バサエフは「ここ数日間、ロシア軍の攻撃は砲撃と空爆ばかりだ。接近戦を恐れている証拠なんだよ。奴らは、チェチェン人の強さに心底びびっている。びびっている今こそチャンスなんだ」と、ゆっくりとした口調で説明してくる。隣で聞いてる副司令官も、自分のカラシニコフを片手で叩いて、「こいつで戦える近距離戦に持ち込むんだ。そうすれば、ロシア兵は逃げる」と言う。冬季迷彩服に身を包んだ副司令官は、ソ連軍時代には東ベルリンに駐留していた部隊の元大尉である。他に、元戦車小隊長のソルマッツ少尉、元空挺部隊の少尉など、ベテランの元ソ連軍人が、このシャミール・バサエフ部隊にはそろっていた。

その彼らの強気の論調を繰り返し聞かされても、私は「兵力劣勢なゲリラ側から攻勢に出るのは危ない。防御戦闘でジリジリと後退しつつ、泥沼のゲリラ戦に持ち込むべきではないだろうか」と感じ

ロシア軍包囲下のグロズヌイで戦い続けるチェチェン人部隊。

強硬派司令官シャミール・バサエフ（右）と肉野菜炒めを食べる筆者。

初代のチェチェン独立派大統領、ジョハル・ドダエフ。

ていた。とはいっても、これはしっかりとグロズヌイ戦線を観察したうえで思ったことではなく、単にゲリラ戦としては防御戦闘のほうがオーソドックスな勝ち方だというだけのことである。

しかしバサエフは、この四カ月後の一九九五年六月にはロシア領内に潜入して軍病院を占拠し人質を取り、ロシア政府を停戦交渉のテーブルに着かせるという快挙を成し遂げて、チェチェンのヒーローに躍り出た。まさに、バサエフの強硬策がチェチェンの劣勢を救った行動である。

その後も、山岳地帯でのゲリラ戦ではロシア軍に大打撃を与え続け、翌一九九六年八月には、グロズヌイに駐留していたロシア軍に奇襲をかけて数日間で壊滅させている。私の素人判断などよりも、バサエフの判断が正しかったことが証明されたのだ。

だがその後、一九九九年九月にバサエフ部隊は隣国のダゲスタンに攻撃をかけ、これがロシア軍がもう一度チェチェンへ侵攻する口実となり、チェチェンが戦争の泥沼にはまっていくきっかけとなってしまった。野戦司令官が「開戦」という政治的判断をしてしまった悲劇といえる。

毒ガス攻撃を食らう

話を一九九五年二月のグロズヌイに戻そう。グロズヌイに着いて五日目の夕方、本部ビルの前にいると、バサエフから「カートさん、一緒にパトロールに行きますか」と誘われた。

南西側の尾根が空爆されたので、この地域の味方部隊の状況を確かめに行くのだという。グロズヌイに踏ん張るチェチェン人決死隊にとって、南西側の尾根上にある幅約六〇〇メートルの回廊は、外部との唯一の連絡路になっている。この回廊をロシア軍に奪取されると、決死隊は完全に包囲されてしまう。

バサエフがロシア製の乗用車ラーダニーバの運転席に座り、ダゲスタン人が後席で私は助手席に乗り込む。ラーダニーバはできる限りのスピードを出して、尾根上の道を突き進んだ。日没後ではあったが、まだ視界は利くので、車での移動は全速力が原則だ。敵の照準に晒される時間を少しでも短くするためである。葉の落ちた雑木林の中の一本道を走って行くと、左手に直撃弾を受けて燃え上がっている家があった。その爆撃現場を通過してすぐのところで、バサエフはいきなりブレーキを踏んだ。右前方の家とその手前から白い煙が上がっている。

バサエフは「まずい！　化学兵器だ」と言う。ダゲスタン人が一言ずつ通訳してくれる。そのときには異変は全然わからなかったが、車を切り返してUターンさせたときに、普通の硝煙とは違う臭いを感じたような気もした。しかし、「気のせいだろうか、毒ガスには臭いはないと言われているし」などと考えたりしていた。

バサエフは「ガスマスクは持ってないだろう。これ以上近づくと危ない」と言って、前線視察を打ち切って本部へと引き返す。バサエフとダゲスタン人は、この一瞬の間にもバンダナで口と鼻を覆っていたが、私は無防備のまま吸い込んでしまった。化学兵器と言われても、それがどのくらい危ないものなのか、なかなか実感としてはわからない。本部ビルに戻って毒ガスの報告が全員に伝わると、チェチェンゲリラたちは「爆発してから時間がたってるから大したことない」と言うので「そんなもんか」と思っていた。

ところが、それから二時間ほどして、いきなり体調がおかしくなってきた。急に発熱が始まったので「風邪かな?」と思ったりもしたのだが、あまりにも症状が急すぎる。そして吐き気が襲ってくる。

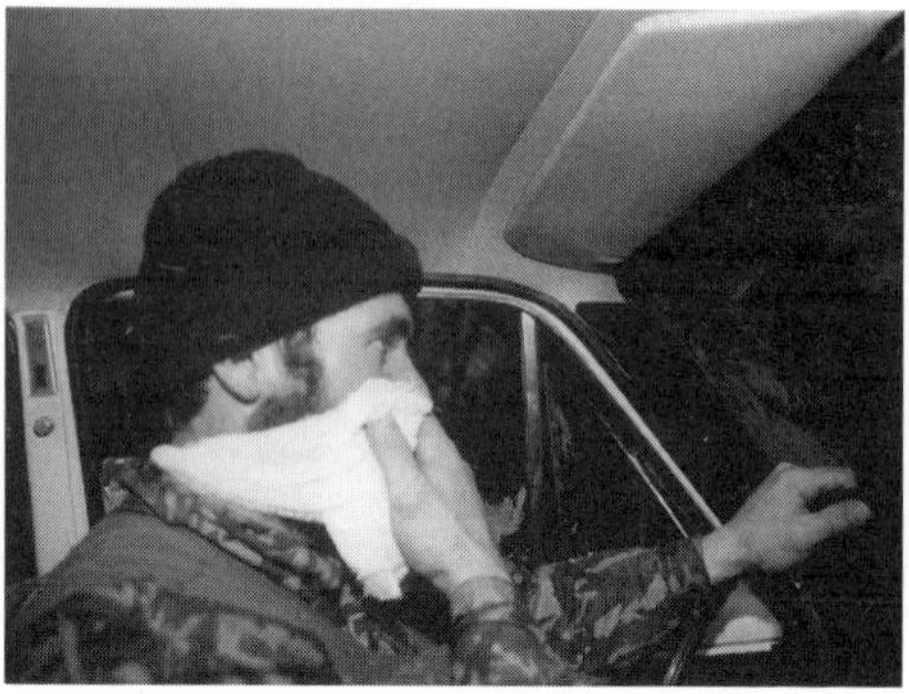

毒ガス攻撃に対してマスクをするシャミール・バサエフ。

寝床から起き上がると、頭痛と下痢である。とりあえず外へ飛び出した。本部ビルから二〇メートルくらい離れた一帯が野外トイレになっていて、みんなトイレットペーパーを持ってきてはこの辺りで野糞をするのだ。辺りには点々と野糞とトイレットペーパーが散らばっているので、それを踏まないように歩いて、自分のやる場所を選ばなければならない。

下痢糞をしてほとんど同時に口からも吐いてしまった。このときの自分の唾液の味がなんともいえず苦かった。この苦みから「やっぱり毒ガスか」と再確認した。だが吐いたおかげで、喉から胃にかけての異物感はほとんどなくなった。

大きく溜め息をついて深呼吸をしながらビルのほうに戻ると、見張りの兵士に「吐いたか」と聞かれた。二度ほど咳払いをしてから「いや、大丈夫」と見栄を張って適当に笑顔でごまかしておいた。急の発熱で頭がボーッとしているのだが、「ちくしょう、悔しい」という気持ちが込み上げてくる。一緒にいたバサエフたちは一瞬のうちにバンダナで防護しているので、とくに症状は出ていないようだ。化学兵器の怖さは人間の五感では感じ取れないがゆえに、私はなめていたのである。自分の考えの甘さを思うと、まわりのチェチェンゲリラたちに堂々と言える戦傷ではない。ただひたすら、毛布を被って眠り込んでいた。しかし、私が毒ガスを吸ったことはすでにまわりの兵士たちには伝わっていたようだ。

しばらくすると、化学爆弾から一番近いポイントにいた兵士が戻ってきて「俺も喉がイガイガする。化学爆弾だよ。神経ガスでなければいいんだが」と症状を訴えてきた。その兵士が私などよりも元気そうなので、なんとなく安心できた。「たぶん、平和な日本で育った軟弱な私の体がひ弱なだけで、しばらく安静にしていれば治る。致命傷ではない」と思えるのだった。

頭がボーッとした状態からそのまま眠りに落ちて、午前三時頃に目が覚めた。腹がグルグル鳴っている。下痢である。ヘッドランプを持って、再び野糞の場へ行く。昼間に砲撃を食らった家がまだ赤々と燃えていたので、外も真っ暗闇ではない。そんな光景を眺めながら踏ん張っていると、「これが戦場の野糞か」なんていうちょっと感慨深いものを感じる。見張りの兵士には、ことさら元気良さそうに挨拶をして自分の寝床に潜るのだった。

体調が悪くなくても、野糞は、戦場での最も嫌な瞬間でもある。遮へい物のあるしっかりとした場所はだいたい防御陣地や兵士たちの退避壕になっていて、野糞をする場所は、そのような陣地からちょっと離れてる。しかもチェチェンでは、まわりに遮へい物のない危ない場所になっていた。ここでしゃがみ込んでいると、「ヒューッ」という砲弾の飛翔音が聞こえることもあり、普通なら、とっさに地面に伏せなければならない場面になる。

しかし、自分の周囲には兵士たちのウンコが点々としている。ウンコの上に伏せるのか、尻を丸出しのまま砲撃を食らうのか、究極の選択を迫られるのである。「野糞しにいくのが嫌だから、食事を摂るのを控えよう」と思ってしまう。

戦意喪失

翌日は、たまに目が覚めても起き上がる気にもなれず、砲撃の音を聞きながらも毛布にくるまっていた。こうなってくると、人間というのはどんどん弱気になってしまう。これが戦意喪失というものかもしれない。

「このチェチェン部隊が負けて、ロシア軍が突入してきたらどうしよう。急いで撤退することになったら、私はどこまで走れるのだろうか。それともチェチェン人たちはここで全滅するまで戦うつもりなのだろうか。だとしたら私はどうなる」などと、次々と悪いことばかりが頭の中をグルグルと巡ってしまう。

目をつぶっていると、日本のことを思い出したりして「帰りたい」という気持ちが強くなってくるので、目は閉じずに現実を見るようにしていた。そして、寝っ転がった姿勢をやめて、寝床の上に座ることにした。そのほうがチェチェンゲリラたちの姿が見えて、現実を直視できるからである。寝た姿勢だと、天井を見つめて考えごとをしてしまってよくない。体調の悪いときには、悪いことばかり考えてしまうので、目の前の元気なチェチェンゲリラたちを見ていたほうがいいのだ。

すると、茶飲み友だちになっていた兵士が「毒ガスを吸った後はこれを飲むといい。食欲はないんだろう」と言いながら、スモモのジュースがたっぷりと入った瓶を持ってきてくれた。飲んでみると、確かに、体が楽になってきたような気がする。それまで食欲がなかったのに、スモモジュースに限ってはおいしく飲めて、そのうちに食欲も出てきた。「フルーツジュースでどうにかなるんなら大した症状ではない」と思うと、元気が出てきた。

その兵士は、私がグビグビとジュースを飲む姿を見て、「ロシア軍が化学兵器を使ってることを記事に書いてくれよ」とニコニコしながら言ってくる。彼の明るい態度からして「たぶん、私の症状は大したことないんだな」と思うことができ、そうなると、起き上がって、外でも歩いてみるかなという気になれるものだ。

午後に一度だけ外に出てみた。こういうときにも精一杯の見栄を張って、元気そうに振る舞ってみたくなる。私は、戦場に出るとどうしても見栄を張ってしまう。わざわざ好きこのんで外国の戦場まで来ているんだと思うと、情けない態度などとても見せられないのである。勝手に「この戦場では自分が日本の代表だ」という意識を背負い込んでしまうのだ。だが、やはり頭がボーッとした感覚は残っていたので、再び地下室の寝床に戻って眠りに落ちてしまった。負傷兵には明るい表情で接することが大切なんだな、ということを実感させられる。

自分も死の隣にいる

それから三時間くらいはたった頃であろうか。突然の「ズドーン、ズドーン、ズドーン」という爆発音で地下室が揺れた。「近い」と感じ、飛び起きるように目が覚めた。時計を見ると午後八時である。その直後に、出口へ通じる階段から何かが転がり落ちる音、外からは兵士たちの叫び声がする。地下室にいた四～五人があわてて階段を駆け上がって行く。そしてすぐに負傷者四人が運び込まれた。そのうちの二人は頭部に破片を食らって意識不明に陥っている。

体がだるくて頭がボーッとしているのも忘れて、外に飛び出した。カメラマンとしては、負傷兵の写真を撮るのが一般的なのだろうが、まず着弾地点のほうを見てみたかった。すると、撃ち込まれたのはたった七発の迫撃砲弾で、そのうちの四発が本部ビル前に着弾している。昨日までのいいかげんな砲撃に比べると、不気味なくらいに正確になっている。着弾した四発のうち二発は、いつも夕方になると、食事をしながら雑談にふけっていた場所である。

「毒ガスで体調を崩していなかったら、私もここで食事をしていて、やられていたに違いない」と思うと、体の中がカーッと熱くなるのを感じた。やられてしまったチェチェンゲリラには申し訳ないが、「自分には運がある」との確信を得た。その確信を得ると、熱くなった身体に感覚が戻ってきて、体調不良はどこかへ吹き飛んでしまった。

地下室に戻ると、頭に破片を食らった二人には鎮静剤が打たれていた。出血がひどいほうの一人は、わずかに呼吸は続いているのだが、顎が小刻みに痙攣している。目は開きっぱなしで、瞳孔は定まっていない。彼の顔を覗き込んでみると、前日の朝、私とチェチェンゲリラ三人が砲撃下で足止めを食

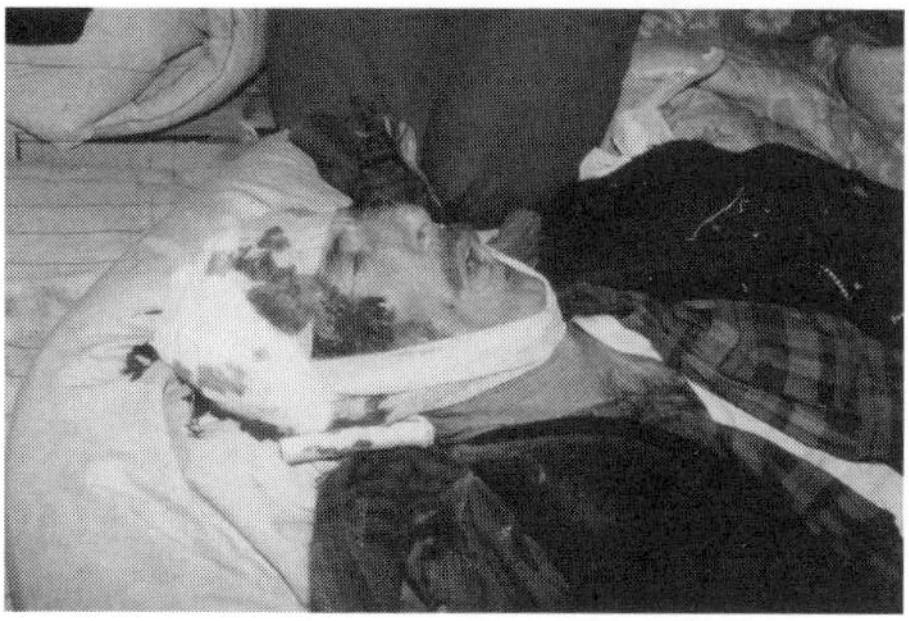
戦死した戦友の表情は老けてみえた。

生前、彼は装甲車で砲撃下、救出しにきてくれたことがあった。

生前の彼(中央)とは、ここでよく食事を共にしていた。

らって司令部に戻れずにいるところを、装甲車で救出しに来てくれた車長である。朝食はほとんど毎日彼と一緒にしていたし、夕食も、彼かバサエフのどちらかとしていたのだ。この決死隊の中でも、五本指に入る親しい仲の兵士である。

彼の枕元にはコーランを持った兵士が来て、お祈りの言葉を読み上げている。「安らかに眠れ」という意味のことなのだろうか。もう絶望的なのだろう。そして、痙攣による動きも小さくなり、最後に「ヒッ」と息を飲み込んだかと思うと、すべての動きが止まった。一人が手首と喉で脈拍を測り、もう一人が開きっぱなしの瞼を指で押さえて閉じる。破片を受けてから四〇分後だった。

人間が死ぬときってこんなに表情が老けてしまうものかと感じるほど、彼の顔は昨日までの表情よりも老けて見えた。コーランを読み上げている者だけはそのまま続けていたが、他の者は彼の死を確認すると、さっさと医療器具を片付け始めている。「自分たちのやるべきことは終わった」という感じで驚くほどドライである。

しかし、このドライな感覚は私も同じだった。戦場での死というのは不思議なもので、感傷的になったり涙が出てきたりしない。頭の中では「自分も、彼と同じようになる可能性はある。死体にはなりたくない。死体にならないように気をつけねば」と考えていた。戦場では、隣人の死は直接自分の死になっていた可能性もあるため、死んだ人に対して感傷的になっている余裕はないのであろう。その死に方から、自分の死の姿を想像してしまうのである。少なくとも、私の場合はそうだった。

死んでいった彼の手を握ってみると、もうすでに死後硬直が始まっている。たった数分で死後硬直してしまうのかと初めて知り、人間も死んだ瞬間から物体になってしまうんだということを改めて感じた。

それから一時間くらいあとに、二人目の重傷者が死んだ。私は、死んだ彼の表情を食い入るように見つめていた。自分もこういう顔をして死ぬのだろうか、いや、まだ絶対に死体にはならないぞと、自分に言い聞かせるためでもある。すると、後ろにいた兵士がダゲスタン人の通訳を介して「君は、毒ガスを吸って寝ていたから、この砲撃でやられずにすんだんだね。そういう強運を持った人間はまだまだ死なないよ」と言ってきたので、そう信じることにした。そう思えば、この体調不良にも感謝できる。

一方、地下司令部では、バサエフと副司令官が前線の指揮官たちを集めて真剣な表情で作戦会議をしている。この七発のピンポイント砲撃が偶然ではなく、ロシア軍の観測が正確になってきたことを示していたからである。グロズヌイ突入作戦の頃から一緒に行動してきたソルマッツ少尉はボソリとした口調で、「守備の拠点をすべて変えないと危ない」と意見を述べている。そして二時間の議論の末、部隊を少しずつ撤退させていくことになった。

バサエフは私のほうを見ると、「カートさん、明朝四時に出発してください」と、脱出の第一陣と共に出るように指示してきた。自分の体調と気力の減退から考えても、そろそろ脱出すべきタイミングといえる。「自分の持ってる運と、周辺の流れが一致している。よし、これは生きて帰れるぞ」という

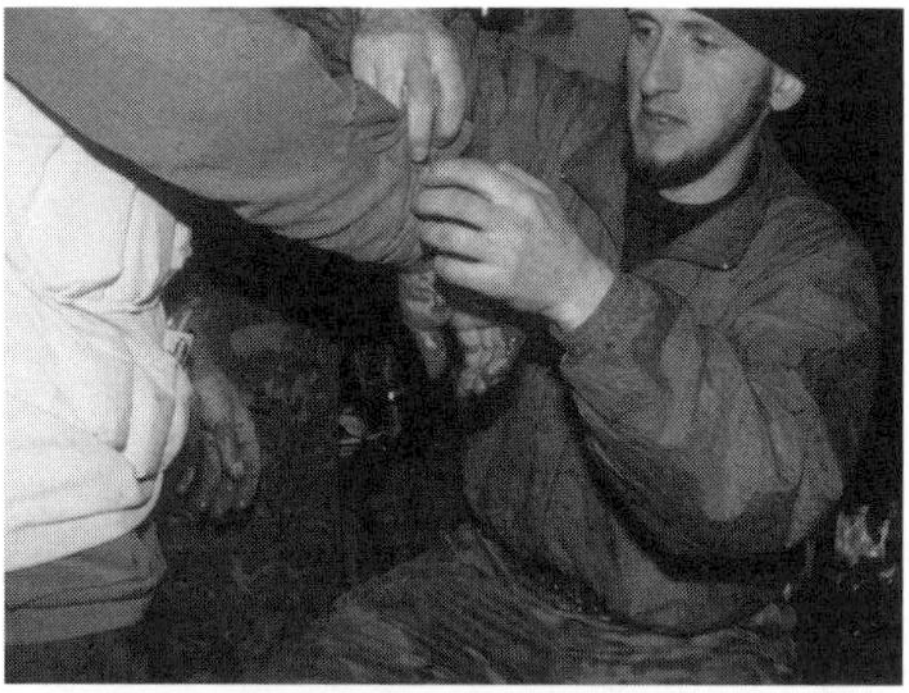

両手を負傷した兵士の手当てをする。

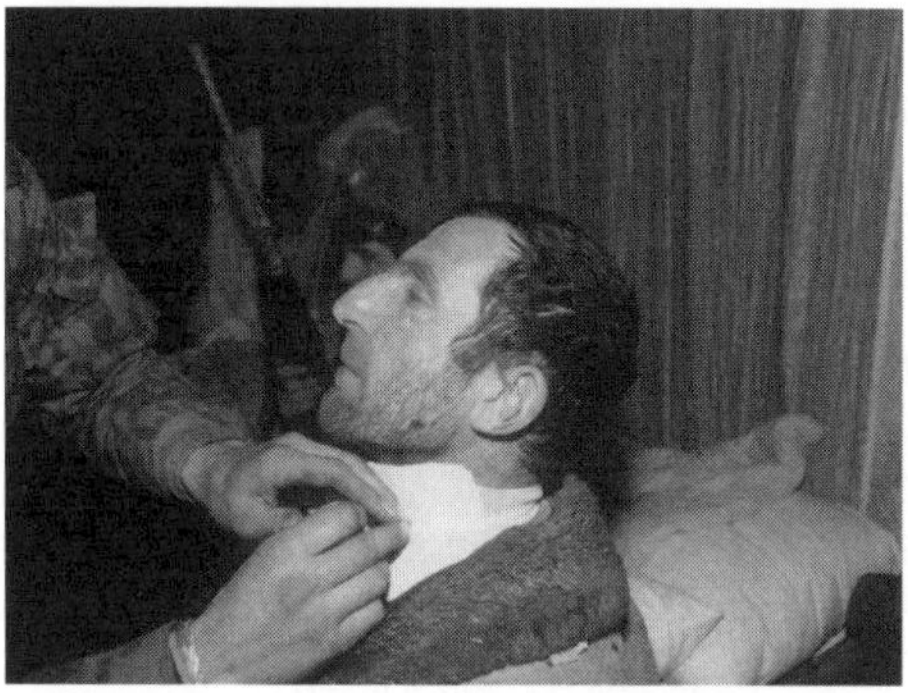

喉に破片が刺さった兵士。彼はこの後、命を引き取ることになる。バサエフ部隊では、１日１人のペースで犠牲者が出ていた。

自信をさらに強めることができた。

　しかし実際には、その脱出行は途中でルートを取り間違えて失敗してしまう。トラック二台で出たのだが、先頭の一台が真っ暗闇の中で崖下に落ちてしまったのだ。トラックは一時間ほどかけてなんとか引き上げ、夜明け前に再びグロズヌイに戻ってきたのである。それでも、「自分は生きて帰れる運命にある」と信じていたものだから、まったく不安を感じなかった。数時間前の自分の弱り切った心境を思うと、戦場では士気が大切だということを実感させられる。

　脱出に際しては、尾根の上にある幅六〇〇メートルほどの回廊を抜けないと、ロシア軍と鉢合わせになってしまう。翌日の未明に再び出発して、今回は問題なく尾根を越えることができた。しかし、尾根を越えたところで、前方数百メートルのところに車と人影が見える。われわれのトラックは停止したが、しばらくして発進。左手には二〜三人の人影と車両一台がある。彼らに近づいてしゃべらないところを見ると、チェチェンゲリラではなくロシア兵なのであろう。

　チェチェンの戦争では、ロシア軍がほぼ完全に包囲しながらも、チェチェンゲリラがその包囲網の中と外を平気で行き来している例が多い。チェチェン側がロシア兵に金を掴ませているという話もあり、また、知り合いを通して黙認させているという説もある。ロシア兵の戦意が低いがゆえにこういうことが可能になっているのだ。自分自身がこうしてその包囲網を脱出してきたのに、そのカラクリが当時はまったくわからなかった。そしてその後、三〜四日間にわたって、バサエフの決死隊は全員がグロズヌイを脱出し、その直後にロシア軍が猛爆撃と砲撃を加え、三月八日にグロズヌイの完全制圧を発表した。チェチェン侵攻開始から三カ月弱を要したことになる。

さて、五年後の二〇〇〇年一月、私は再びチェチェンへの潜入を試みていた。隣国グルジアから雪のコーカサス山脈を越えてチェチェンへ入るゲリラ部隊に同行しようと考えていたのだ。そのため、現地で知り合いに再会できることを期待して、グロズヌイで撮った兵士たちの写真を五〇枚ほど持っていた。だが結局、この潜入は失敗に終わってしまい、また、知り合いに再会することもできなかった。ただ、脱出してきた元兵士たちは、この写真を食い入るように見つめては、「彼は死んだ。彼も死んだ。彼は自分の部隊を持って指揮官になっている」と、知っている限りのことを教えてくれた。バサエフ部隊で戦っていたことがあるという男は、一枚の写真を何度も見つめては涙目になってきて、「彼は素晴らしい兵士だったけど、去年九月に死んでしまった。親友だったんだ」と繰り返す。

驚いたのは、私の撮った写真に写っている兵士の中で「彼は今も生きてる」と言われた者は、バサエフを含めて三人しかいなかったことである。ほとんどが、「戦死した」か「知らない」なのである。

副司令官の顔を見て「彼の顔は知っている。有名な指揮官だ」と言う者がいたが、その後の消息はわからないらしい。英語の話せるダゲスタン人を知っている者もいない。重傷者の脈を測っていた兵士は戦死したという。グロズヌイ突入作戦のときに隣にいた兵士も戦死していた。低空攻撃をしてくるロシア軍のスホーイ25地上攻撃機に、私の見ている目の前で命中弾を与えた機関銃手は二カ月前には生きていたが、今はわからないという。

そしてシャミール・バサエフも、この一カ月後の二〇〇〇年二月末、グロズヌイ脱出戦で、片足切断の重傷を負ってしまうことになる。戦場で出会った友人がその後戦死してしまうのは仕方ないことだが、これほどたくさんの人の死を聞かされたケースは、他の戦場ではなかった。改めて、チェチェンの戦争が厳しい戦いであることを感じさせられる。

2　政治局員の孤独な戦い

東西冷戦時代、米ソの代理戦争が世界中に広がっていた中で、一九七九年七月、中米ニカラグアのサンディニスタ解放戦線がソモサ独裁政権を倒して革命政権を樹立した。十数年に及ぶ内戦の末に解放戦線が勝利したわけだが、米国のお膝下である中米で革命政権を樹立してしまったのだから、そう簡単には平和は訪れなかった。

革命で国を追われて米国などに亡命したソモサ政権寄りのニカラグア人に米国政府は援助をし、反サンディニスタ武装勢力「コントラ」を組織した。第二次ニカラグア内戦の勃発である。当時のニカラグアをみると、米国がいかにやりたい放題に他国へ介入していくかがよくわかった。

コントラはニカラグアの北隣のホンジュラス国内に基地を持って、ニカラグア国内に越境攻撃を繰り返すことになる。さらに米国はニカラグアに経済封鎖を敢行し、経済面でもサンディニスタ革命政権のニカラグアを締め上げる作戦に出た。当時は、「東西冷戦で自国の陣営を有利にするためなら少々の無理は当たり前」という時代だったので、米国の経済封鎖政策には日本や韓国、西欧諸国も当然のごとく追随している。おそらく、日本の国会では「ニカラグアに経済制裁をするか否か」の議論なども十分なされないまま実行されていたと思う。ニカラグアは、世界の西側経済大国のほとんどすべてから見捨てられてしまっていたのである。

私が、そんなニカラグアの戦闘地域ムルククへ行ったのは一九八八年のことである。この頃は、軍事的にはサンディニスタ政府軍がほとんど勝利を収めていて、コントラの攻撃も辺境地に限定され始めていた。だが、軍事的には優勢なものの、まだまだ問題はいくらでも残されていた。

密林の最前線、ムルクク

ニカラグア中部のジャングル地帯のど真ん中にあるムルクク基地政治局員のミゲール・ゲバラ小尉は、「いまだにわれわれサンディニスタのことを反政府ゲリラだと思ってる住民がたくさんいるんですよ。革命達成から九年もたっているのにですよ」と、ちょっと暗い表情で言う。

ここでの最も難しい任務は、ジャングルの中に点在する民家を一軒ずつ回って、「われわれサンディニスタが九年前に政権を取ったんだ。ソモサ政権はもうこの国にはない」ということを理解してもらうことだという。

ミゲールのような政治局員に数人の兵士がついてジャングルの中をひたすら歩くのである。民家は四〜五キロに一軒程度の割合で点在しているため、なかなかはかどらない。しかも、いきなり軍服姿の兵士が現れて、「九年前からわれわれが政権を取っている」などと言っても簡単に信用してもらえるわけではない。ジャングルの奥地に住む人たちは、新聞も読めないしラジオも聞かない。このような生活をしている人たちにとっては、何のことだかよくわからないのだ。

ミゲールは「戦闘でコントラをやっつけるよりずっと難しいですよ」と言う。というのは、敵側であるコントラは「サンディニスタは共産主義者だ。サンディニスタに甘い顔をすると土地と財産をすべて取り上げられるぞ」と宣伝して回っているからだ。サンディニスタの政治局員がする難しい政治の話よりも、「土地と財産を取られる」という自分の生活に直接脅威となる話のほうがわかりやすいのは当然だ。そんなわけで、この宣伝合戦ではサンディニスタ政権側のほうがかなり苦戦していた。

サンディニスタの兵士たちが武器を持って現れると、住民たちは抵抗せずに「ハイハイ」と言うことを聞いているのだが、住民感情はほとんどコントラ寄りらしい。だから、政治局員たちの動きはコントラに通報され、密林の中で狙撃されることもしばしばだ。基地から出歩いていた新兵が誘拐されたり殺害されたりというケースも起こっている。だからといって、武力で民家を強制捜査したり人々を拘束して尋問したりすれば、逆効果になってしまう。

戦争にならなければ、ムルククなどという小さな村が注目されることはなかった。ムルククには約二〇軒程度の民家があるだけで、ニカラグアの太平洋側とカリブ海側を結ぶ幹線道路とジャングルを貫く川が一本通っているだけだ。しかしこの、道路と川という要素が軍事的には大きな意味を持ってくる。しかも、私が訪れた時期には、この川に鉄橋が建設されていた。こうなってくると、とくに軍事に詳しい人でなくても、ムルククが戦略的に重要な地点だと想像がつくであろう。

そのため、ここにはサンディニスタ軍一個大隊（約六〇〇人）の戦闘部隊と鉄橋建設部隊が駐屯している。これは、ニカラグアの他の戦線と比べると、かなりの集中配備になっている。その駐屯地から二キロほど離れたところには新兵訓練学校があり、ここにも約六〇〇人の訓練兵がいる。ここの訓練兵たちは、身体検査の結果で「戦闘部隊としての敵性あり」と判断されている者で、それなりに誇りを持っている。訓練兵たちは、ここで二カ月の訓練を受けたのちに、各地の実戦部隊へと配置されていくのだ。

私が訪れたのは乾季の末期にあたる五月だった。この季節は太平洋側や標高の高い地域ではまだ乾季なのだが、カリブ海側では雨季に入っている。ムルククはカリブ海側から続く標高の低いジャングル地帯にあるため、気候はカリブ海のものに属している。そのため、五月は、もうすでに完全な雨季になっていた。ほとんど毎日午後にはスコールが一〜二回はあり、強烈なときには、隣でしゃべっている人の声も聞こえないほどの雨音になる。

政治局員のミゲールは、ふだんは訓練学校で兵士たちに「革命政治学」を教えている。ニカラグア人にしては肌が白くて目鼻立ちのはっきりした顔をしているミゲール小尉は、このムルクでは「いかにもインテリ」というイメージで目立っている。「政治局員」と言われれば、そう納得させられる風貌がある。兵舎での待遇も小尉にしては良く、校長の大尉の部屋の隣に個室を持っている。だが、ミ

左が政治局員のミゲール・ゲバラ少尉。

AKM小銃の射撃訓練をするミゲール・ゲバラ少尉。

夜になると、テレビを使って新兵たちに政治教育をする。

ゲールは部下も持っていないし、訓練兵たちとの一体感もないので、なんとなく孤立していて寂しそうで、肉体派ブルーカラーの中で孤立するインテリという雰囲気だ。

訓練兵や戦闘教官たちは、豪雨にたたかれ泥水の中でテント生活を続けている。そのため仲間意識や連帯感があり、食事や休憩のときなどはみんなでワイワイと盛り上がっていられる。しかし、ミゲールが、そんな中に入って一緒に騒いでいる姿は見たことがない。彼らのノリとミゲールの孤独を見比べると、「軍隊という世界では特権階級的な扱いを受けるよりも、その他大勢と同じ環境で暮らしているほうが楽かもしれない」という気もしてくる。とくに私は、戦場の泥臭く血生臭い空気に憧れて来たような人間だからそう感じてしまった。

宣撫工作で敗北

政治局員というと、軍を監視しているイメージがあった。第二次世界大戦ものの映画などで、ソ連軍の中にいる共産党員が指揮官と同等に近い権限を持っているストーリーを観た覚えがあるからだ。どちらかというと「嫌なヤツ」的存在である。だが、ミゲールの行動や、他の兵士が彼を見る目などからは、ミゲールが思想監視をしているとは思えなかった。とはいっても、「各部隊に政治局員がいる」という点には、共産軍の独特たるものを感じるので、聞きたいことはいくらでもあった。

――政治局の仕事は何ですか。

「革命思想を教えることです」

――反革命分子の監視はしないのですか。

「それはとくにしていません。サンディニスタ政府は、一つの思想に全員をまとめようとしているわけではありません。サンディニスタは自由な民主主義です」

――あなたは共産主義者ですか。

「違います。サンディニスタは共産主義ではありません。社会主義と資本主義の混合経済です」

――民家を一軒ずつ回って説明するときにも、こういう説明をするのですか。

「そこまでなかなか話が進みません。彼らはまずわれわれを信用してませんから」

――住民はコントラ側ということですか。

「このムルクク周辺は反サンディニスタ感情が強いです」

――なぜ嫌われるか、具体的な原因は。

「わかりません」

――わかりません、では改善できないではないですか。

「確かにそうですね」

突っ込みすぎて、ちょっとミゲールを落ち込ませてしまった。とはいっても、この「嫌われる原因」はサンディニスタ政権側にとっては真剣な課題である。軍事作戦では、ほとんど圧勝している中で、政治工作だけがうまくいっていないからである。政治局員としては立場がない。

しばらく俯いて考えごとをしていたかと思うと、彼は「日本は米国に原爆を落とされたのになんで米国と仲良くできるんですか」と聞いてきた。反米の国ではよく聞かれる質問である。

「政治的ポリシーよりも豊かさを選んだんですよ。日本国内にはたくさんの米軍基地があって、ソ連軍には領土の一部を占領されたままです。だけど、そういうことをあまり騒がずに豊かになる道を選んだんです。こういう国策をどう感じますか」と逆に質問をすると、ミゲールは「豊かになって力をつけることは大事なことだと思いますが、自分の国に外国の軍隊がいるのはよくないです」と答えた。だが日本の政策を非難する言葉が出るわけではなく、豊かさを第一にするのも一つの政策として認めているような言い方だった。

当時のニカラグア・サンディニスタ政権には、建て前として「たとえ貧乏でも真の独立と自由を守れ」というものがあった。政府文書には、文頭に挨拶言葉として必ず「パトリア・リブレ・オ・モリール（真の自由か死か）」と書かれていたほどである。しかし、革命を達成して九年が過ぎてもまったく国の状態が良くならないものだから、こういった政治スローガン的掛け声にも元気がなくなってきている。政治局員のミゲールにさえも、そういった疲れがうかがえた。

最前線での新兵訓練

新兵訓練学校の昼間の訓練科目は大きく分けて、カラシニコフの実弾射撃、ＴＮＴ爆薬の扱い、完全武装での障害物ランニング、ジャングルでの戦術行動訓練などがある。

戦術行動訓練とは、兵士同士の間隔を一定に保ちながらジャングルの中を行軍したり走ったり、命令を伝達してそのとおりに行動したりというものだが、まだ体のでき上がっていない新兵にとっては、実質的には体力訓練である。体力的にバテさえしなければ、何も難しいことはない。しかし、蒸し暑いジャングルの中で雨に打たれながら走ったり止まったりを繰り返していると、前後の兵士との間隔どころか、身のまわりの周辺警戒にさえも気を配っているゆとりはなくなる。まさに「戦場では一にも二にも体力だ」ということを叩き込まれる訓練だ。

そしてこの戦術行動訓練のときには、ミゲールも教官として訓練兵たちと一緒に走っている。ジャングルの中は夜になるとコントラが出没し、訓練兵が迷子になってしまうと捕まることがあるからだ。だから教官たちは、体力的にバテてしまって座り込んでいる脱落者を捜し出して歩かせるのである。脱落した兵士は、教官に見つからないように行軍ルートから数メートル外れたところで休んでいるが、草が折れたりしているのを見つければすぐに発見できる。見つけると教官たちは「カチョーロ！　カチョーロ！」と怒鳴って追い立てる。

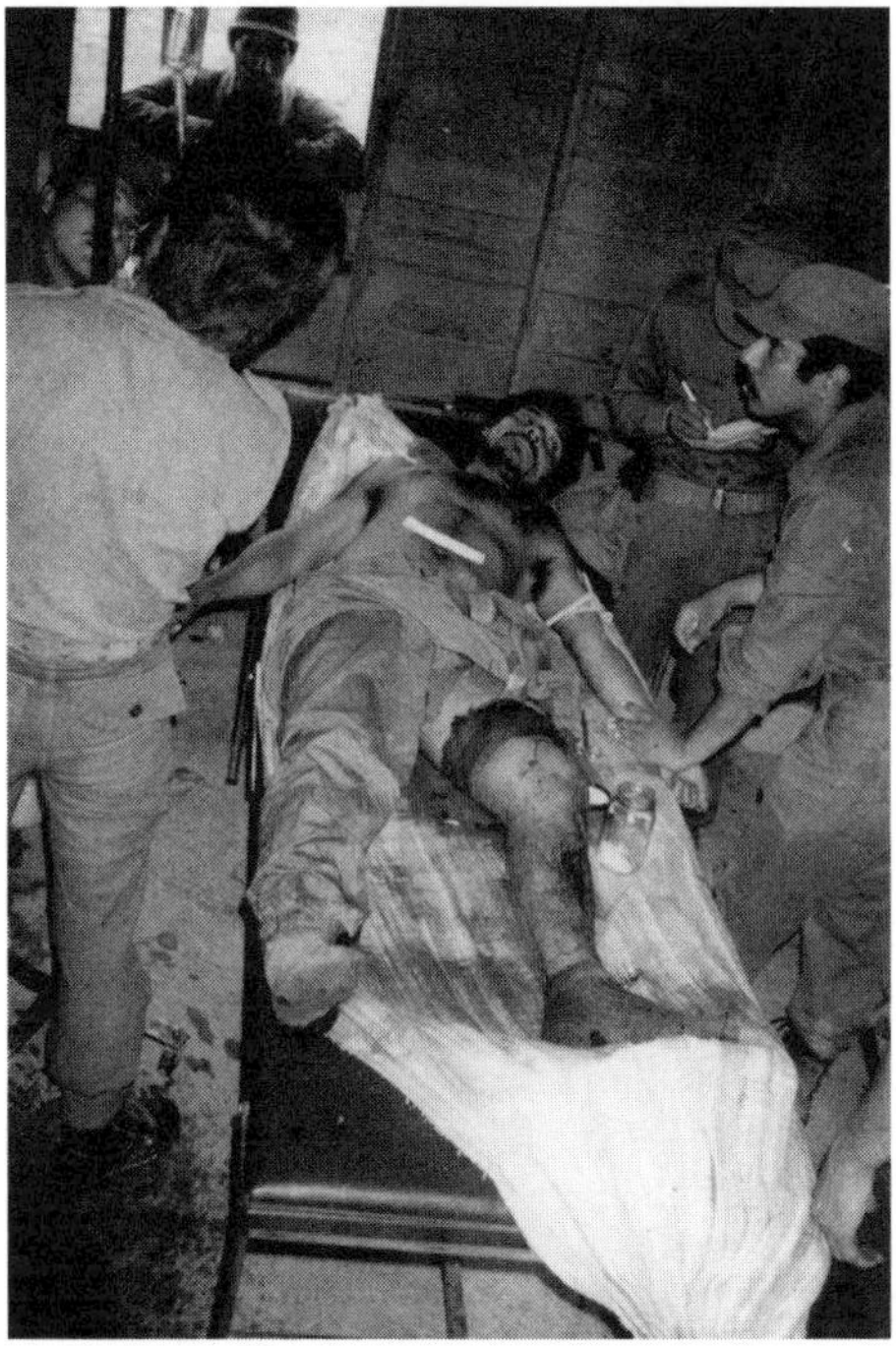
ジャングルをパトロール中に１名が狙撃された。

パトロール部隊は、５日で約120キロメートルを歩く。

余談になるが、「カチョーロ」というのは「雄牛」という意味で、ちょっとしたサンディニスタ用語として使われている。一九七〇年代にソモサ独裁政権を倒すために戦っていたサンディニスタのゲリラたちは、連絡員として少年を使っていた。この少年たちのことをカチョーロと呼んでいたのである。革命達成後には、サンディニスタ軍の兵士のことをカチョーロ（女性兵士はカチョーラ）と呼んでいる。司令官の部下に対する演説などでも「カチョーロス・イ・カチョーラス（兵士諸君よ）……」と呼びかけている。

話をムルククのジャングルに戻そう。

さて、いくら教官たちが怒鳴っても立ち上がらないカチョーロもいる。そういう兵士には、自動小銃をフルオートにして「ダダダダダダ……」と耳もとでぶっ放すのだ。もちろん実弾である。これは意外と効果があって、ほとんどの兵士はぶったまげて跳び上がるように立ち上がって歩き始めてしまう。自分が撃たれるわけではないことはわかっていても、一六〜一七歳の新兵にとっては、突然の耳もとでの銃声は効き目がある。

教官たちは、隠れて座り込んでいる兵士をテキパキと見つけ出して追い立てる。そんなことをやっているミゲールを見ていると、「インテリふうの政治局員とはいえ、やはり兵士としてもかなり鍛えられているなぁ」と感心させられる。ニカラグアの場合は、ソ連のように政治局から軍に政治局員を派遣するのではなく、軍人を政治教育して政治局員にしているからである。

このように、敵の出没する最前線で新兵訓練をやってしまうという方法はかなり荒っぽいやり方だが、訓練兵たちには常に緊張感があるため効率が良い。私もここで「体験取材」という名目で、二一日間ジャングルの中を走り回ったり射撃訓練をしたりしていただけで、なんとなく戦場というものがわかった気になっていた。考えようによって、その後のどの戦場体験よりも、戦場の現実を体で覚えさせられたと思う。

私はこのムルククでの生活の間ずっと下痢に苦しんでいた。まったく浄化されていない緑色の水を飲んで暮らしていたのだから覚悟していたが、その後、首都マナグアに戻ってもこの下痢は治まる気配がなく、さらに痰がやたらと絡まるようになって呼吸困難になったりしたのである。二週間ほどそんな不調で苦しんでいたので、マナグアでの生活は自堕落なものになっていた。

銃殺刑

一カ月後の七月中旬にミゲール小尉が首都マナグアに戻っていて、再びトラックでムルククへ行くという連絡があったので、私も一緒に行くことにした。ムルククのジャングルで頑張る兵士たちに家族や友人、恋人などが会いに行く慰問団のためのトラック便が出るのである。しかし、出発の朝に私は自堕落が高じて寝坊してしまい最初のトラックに乗り遅れて、ミゲールと一緒のトラックには乗れなかった。とはいってもトラックは何台か出ていて、一五分後の次のトラックに乗り込んでムルククへと向かうことはできた。

午前一〇時頃、ムルククの八〇キロ手前のリオブランコという村で小休止をして出発後、すぐにわれわれのトラックは止まった。「前を走っていたトラックがコントラに襲撃されて死者と捕虜が数名出た」とのことである。逃げ切った者たちは、徒歩でリオブランコへ向かっているという。当然そのまま彼らを救出しに走るのかと思ったら、「軍のトラックで行くとまた攻撃されるから危ない」ということで、有無を言わさずわれわれのトラックは引き返すことになってしまった。

「寝坊したおかげで助かってよかった」という考えもあるが、好きこのんで日本から戦争を見にきている私にとっては「最も大事なシーンを体験しそこなった！」という悔しさしかなかった。一人でトラックを飛び降りて襲撃ポイントまで行きたかったが、兵士たちにガッチリと監視されてしまい、下車することはできなかった。トラックはそのままリオブランコを通過して首都マナグアへと直行、代わりに民間のトラックが何台か現場へと向かった。

その日の夕方に状況はわかった。一本道を走っていたミゲールたちのトラックは、ジャングルの中で待ち伏せをするコントラにソ連製の対戦車ロケット弾ＲＰＧ２で攻撃を食らった。この最初の一発で一人が死亡したが、残りはトラックから飛び降りて走った。さらにそこに迫撃砲弾が数発撃ち込まれて三人が負傷、その一人がミゲールの婚約者だった。それに気づいたミゲールは他の兵士たちの制止を振り切って彼女を助けるために戻ってしまう。そのときすでに彼女は死亡していた。そしてそこにはすでにコントラのゲリラたちが前進してきていて、ミゲールは捕虜になってしまったという。

捕虜になったのはミゲールと一般市民三人である。このトラックには、ムルククの兵士に会いに行く家族や友人が乗っていたので民間人がほとんどで、武装した兵士はミゲールを含めて三人しかいなかった。

ミゲールは彼女の死体を放さず、担いだまま捕虜として連行されていった。ジャングルの中に少し入ったところで尋問が始まり、ミゲールが政治局の将校だということがわかってしまった。ムルクク付近のジャングルで民家を回って説得工作をしていたのだから、政治局員の顔と素姓はコントラに完全に知られていたのである。

ミゲールは即座に銃殺を決定され、彼女の死体を抱きかかえたままその場で三〇発の銃弾を撃ち込まれて処刑された。コントラの指揮官は、残る三人の民間人に、「ここで政治局の将校が処刑されたことをマナグアに帰って報告しろ」と命令し、その場で三人を釈放した。彼らが報告に戻ったために、ことの真相が明らかになったのである。

サンディニスタ政府軍は、軍事力では圧勝していたが。

米国に支援された反政府ゲリラ「コントラ」は米軍の迷彩服を着ていた。

3　国なんて信じない

一九九二年一〇月末、ボスニア・ヘルツェゴビナ南部のトレビノ～ドブロブニク戦線でのことである。アドリア海に面する美しい古都ドブロブニクから背後の山に登り、午前九時には尾根の上の道路に出た。そこから約三時間歩いて、クロアチア軍の戦車部隊のいる位置までたどり着いていた。

多民族多宗教国家のユーゴスラビア連邦は、一九九一年からスロベニア、クロアチアが独立宣言をして戦争状態に突入、一九九二年になると、ボスニア・ヘルツェゴビナも独立宣言をしてさらに戦争は拡大していった。これによって、セルビア人、クロアチア人、ボスニア人（ボスニア内のイスラム教徒）が三つ巴の民族闘争を繰り広げることになる。開戦劈頭《へきとう》でセルビア人が圧勝し、クロアチア人、ボスニア人の勢力は、どうにかこうにか自分たちの町を守りきろうと戦っていた。ドブロブニクもそんなクロアチア人の町の一つで、山の上と海上からの攻撃を受けていたが、セルビア軍の攻撃を跳ね返して、そろそろ反撃を開始しているところだった。

クロアチア軍の戦車部隊は一〇〇メートル四方程度の小さなゴーストタウンの中に隠れて待機している。実はここも越えて、私はさらに最前線へと駆け抜けようとしていたのだが、町を出て数十メートルのところで榴弾砲の至近弾を一発食らって、そそくさと引き返して来ていたのだった。

そしてしばらく廃墟ビルの一角でシャッターチャンスを狙っていたのだが、今度は戦車砲弾の至近弾を二発食らった。顔面の横を破片が「ブーン」という唸りを上げて飛んでいった。たまらず、一目散にクロアチア兵たちが退避している地下壕に駆け込んだ。地下壕とはいっても、特別に頑丈に作られたシェルターのようなものではなく、単なる地下室を土嚢と板で補強してあるだけのものである。

「ドベルダーン（こんにちは）」と挨拶をして中に入ると、クロアチア兵たちは、とくに表情を変えるわけでもなく、招き入れてくれた。一〇人くらいの兵士が壕の中でごろごろしていて、二人が無線にかじりついて机の上の地図にマークを入れている。その中の一人、金髪で長身の男が「この砲撃の中を歩いてここまで来たのか。信じられないことする奴だ」と、歓迎の笑顔で話しかけてくれた。実際は、砲撃が激しくなる前にこの町までたどり着いていたのだが、「戦場は初めてではないから」とちょっと格好をつけておく。戦場では、少々ベテランだと思われたほうがいい。

彼の名はフレゴというのだが、自分のことを「マリー」と呼んでくれという。彼の乗っているT34戦車の愛称がマリーだからだ。愛称はそのままコードネームとして使われているようで、他にフェニックス、エンジェルなどの愛称があった。T34戦車は、第二次世界大戦中に活躍したソ連製の戦車で、五〇年近く前の骨董品である。こんな骨董品が現役で使われているとは驚きだ。

マリーはドブロブニク出身の二六歳で、ここにいるクロアチア兵の中では無線にかじりつく二人と共に年長で、他の兵士は二〇～二二歳である。この年長の三人が指示を出す立場にあるのだが、だからといって指揮官でもない。この頃のクロアチア軍は、まだ軍隊の組織がしっかりとしたものになっていなかったので、階級も指揮官もない部隊があったのである。

この地下室で待機している兵士たちは、T34戦車の搭乗員である。ゴーストタウンのあちこちには、T34戦車六台とT55戦車一台が隠してある。T55戦車の搭乗員だけは別のシェルターの中にいたが、T34戦車の搭乗員は全員この地下室にいる。それ以外に、一二二ミリ榴弾砲とBM21ロケットランチャーがゴーストタウンから外れた樹林帯の中にあった。それらを狙ってか、それともいいかげんに

第２次世界大戦で使用されていたT34戦車が現役で活躍していた。

かはわからないが、セルビア軍の砲弾が一〇秒に一発ほどの割で降り注ぐ。そのうち、ゴーストタウンの中に落ちるのは半分弱だ。

マリーは「今、味方の偵察部隊がセルビア軍の大砲の位置を探している。これだけたくさん撃ってくれれば、もうすぐ位置を見つけられるだろう。撃ち過ぎっていうのは愚かなことなんだ」と真剣な目つきをして言う。

「グルップ（愚かな）！」と吐き捨てるように言う彼の表情には、複雑なものがある。「これだけ撃ってくれてるんだから敵の位置を発見してくれよ」という味方偵察部隊に対する願いと、セルビア軍のほうが弾が豊富なことに対する悔しさと嫉妬のようなものが感じとれる。

旧式のT34戦車を使っていることについては、「シンプルで扱いやすい。なかなか良い戦車だよ」と言うが、本心と受け取ってよいとはとても思えない。戦う兵士としては、自分が身を委ねる兵器にはそれなりの信頼を持っておかねばやってられないから、こういう答になるのだろう。

それからしばらくして、机の上の無線に連絡が入り始めた。「ザザーッ」という雑音の中からクロアチア語が聞こえるが、数字以外はちょっと聞き取れない。その連絡をもとにして、無線にかじりつく二人が、地図と絵の上にマークを記入していく。絵には、真正面の山の稜線が描かれている。この稜線の周辺にセルビア軍の砲兵陣地があるらしい。マークは五つ。セルビア軍の大砲を五門発見したということらしい。マリーにそのことを確認すると、「そうだ」とうなずく。絵には二〇〇〇から二四〇〇の数字がいくつか書き込まれている。地図から割り出した距離である。

反撃開始

午後三時半頃から、地下室の中ではあわただしく打ち合わせが始まった。各戦車の搭乗員たちが自分の戦車に残っている砲弾の数を報告し、それに応じて「マリーに二〇発、フェニックスに一二発……」とマリーが指示している。それから、それぞれの戦車に目標を割り当てて指示する。

待機していた地下室のビルの隣が弾薬庫になっている。そこから、新品の木箱に三発ずつ入った八五ミリ砲弾を運び出す。一人で二~三発ずつを運んで戦車の車体の上に並べる。セルビア軍の砲撃はやや少なくなってはいたが、砲撃下でのこれらの作業は見ているだけでも冷や冷やしてしまう。戦車部隊が最も無防備でかつ誘爆などの危険に晒される場面である。それぞれの戦車に砲弾が配られているのを確認してから、マリーは自分の戦車に飛び乗り、砲塔上のハッチから中に入る。戦車の外から他の一人が砲弾を砲塔内に入れ、マリーは戦車内で砲弾を受け取る。

偵察部隊からの無線報告を地図上に書き込んでいく。

弾薬庫から砲弾を運び出す。

こうして射撃準備が完了したら、一斉に砲撃開始となる。マリーの戦車は隠してある場所でエンジンをかけて、五メートルほどバックをして射撃位置についた。「ドウーン」という砲撃音と共に爆風が吹き荒れる。戦車の近くでカメラを構えていると、爆風で体がよろめいてしまう。T34のような旧式戦車のほうが構造上、新鋭戦車よりも爆風は強烈なのだ。七台の戦車がそれぞれのペースで射撃開始である。

セルビア軍の砲撃も勢いを緩めず砲弾の雨を降らせるものだから、辺りは「ヒュー、ゴウー、バーン、ドウーン」と、爆発音と砲弾の飛ぶ唸りが交錯する。戦車の中からは無線をやりとりする声が聞こえる。「ザザー、マリー、右へ三〇メートル、ザザー」というクロアチア語がかすかに聞き取れる。

これがマリーのT34戦車だ。85ミリ砲弾を積み込んでいる

弾着誘導は暗号ではやらないようだ。

射撃が統一されているというイメージはまったくない。それぞれの戦車がそれぞれの目標に向かって自分のペースで射撃を始める。「ヒュー、ゴウー、ジュゴォォォ」という両軍の、空気を切り裂く砲弾の轟音が上空から聞こえてくる中でカメラを構えていると、とてつもない孤独感に襲われる。兵士たちは戦車の中に入っていて、外をウロウロと歩いているのは、私一人だけになってしまったからなのだ。

戦場で一人ぼっちにされるというのは、何回経験しても心細いものである。上空から聞こえる唸りがすべて、自分だけに襲いかかってくるように感じてしまう。戦車の中にいる兵士たちが安全なところにいて、自分だけが危険に身を晒しているような錯覚にも陥ってしまうのだ。「ヒューッ」という唸りが聞こえるたびに歯を食いしばって身を伏せ、「当たらないでくれ」と祈るような気持ちだ。伏せたと同時に舌を噛

射撃をするT34戦車。砲身の先に見える光は発射された砲弾だ。

んでしまった。爆風で鼓膜を破られないよう、口は開けておかなければならない。「ダダーンッ」という爆発音を聞いて、「よし無事だぞ」と確認する。三〜四秒後までは破片や石ころが飛んで来る危険があるので、あわてて起き上がらないようにする。

七台の戦車から、一〇分間に約七〇発を撃つと、射撃はすべて終了だ。戦車を別の位置に隠すと、皆急いでシェルターに駆け込む。こっちの撃った発砲炎から、敵におおよその位置を発見されて反撃を食らうからである。「戦車の近くは一番危ないぞ。すぐにセルビア軍の反撃が始まるから速く地下室へ入れ」と指示しあい、戦車兵たちが二〜三人ずつダッシュで戻ってくる。私も彼らの緊迫した雰囲気に押されて地下室の中に駆け込んでしまった。写真を撮る目的の戦場カメラマンは、砲撃のときにこそ外にいて着弾シーンの爆発を撮りたいのだが、そんな悠長なことをやっていられる雰囲気ではなかった。

われわれが地下室に駆け込んで二分もしないうちに、セルビア軍の砲撃の着弾が始まった。「ダーン、バーン」という高い爆発音に続いて、ときどき天井から塵がパラパラと落ちてくる。明らかにゴーストタウンの中に着弾している。「反復砲撃っていうのはこんなに素早いものか」と感心してしまう。退避してきた兵士たちは、自分の撃った弾の数を無線兵に報告し、偵察部隊の弾着報告と合わせている。マリーが「俺の撃った弾は敵の大砲から二〇メートルのところに落ちたそうだ。破片で何人か倒したかもしれない」と嬉しそうに教えてくれた。「砲撃をしていると戦車の中は暑くならないか」と聞くと、「いや、暑くはないが、煙がすごいんだ」とのことである。そう言いながらも、マリーには、「ひと仕事終えたぜ」という達成感のような余裕の表情があふれている。

しばらくすると、思い出したように「そういえば、スープがあるんだ。飲むか」と言って、勧めてくれた。三〇リットルは入りそうな銀色で縦長の鍋の中にスープがたっぷりと入っている。スパゲッティ麺、人参、ジャガイモなども入っていて、なんといっても温かいものがあることが嬉しい。殺伐とした戦場で砲撃音を聞きながら、温かいスープが飲めるというのは救われた気分である。喜んで飲んでいると、「俺たちは毎日こればかりで飽きてしまっている。いくらでも飲んでくれ」と言ってくれる。しかし、あまり飲み過ぎると小便が近くなってしまう。集中砲撃の中では、外に小便をしにいくのは命懸けになるので避けたいところだ。

戦場のラブ・ミー・テンダー

戦車兵たちの報告が終わると、皆地下室の床に寝転んで毛布を被りながら雑談を始めた。五〜六人が熱くなって盛り上がっている話題は、カジノのスロットマシーンである。それを聞いていたマリーが私に向かって、「バカな奴らだよ、あいつらは。命懸けで国のために戦って、その報酬として貰った金をほとんどカジノで失ってるんだ。カジノで失ってるっていうことは、国に吸い上げられているってことなんだ。カジノの利益はほとんど政府の懐に入るからな。本当にバカなやつらだ」と呆れ顔で教えてくれた。

「マリーは貯金しているのか」と聞くと、「このインフレのクロアチアで貯金なんてバカらしい。バカらしいとは思っているけど、金使うのもバカらしいから少しは貯金してるよ。カジノよりはいいだろ」と答えてくる。

マリーは「君は、ここで戦闘シーンの良い写真が撮れたらいくらくらい儲かるんだ」と聞いてくる。

「雑誌で写真と文章を合わせて四ページくらいになると、二〇〇〇ドル（当時一ドル＝約一三〇円）くらいかな。写真一枚だけだと四〇〇ドルくらいにしかならないよ。しかも日本からここまでの飛行機代など経費は自分持ちだ」と答えると、「命を懸けている割によくないな」と意外そうな顔をしている。

「ビジネスとしては割に合わないよ。戦場カメラマンなんて好きでやってる奴ばかりさ。損得を考えたら日本で会社員やってたほうがずっといい」

「さっきはいい写真撮れたか？　君はいい写真を撮って金を稼いでくれて、俺たちはセルビア兵をやっつけて戦争を終わらせれば、お互いにハッピーってやつだぜ」

「戦車が実戦で砲撃してるシーンは初めて撮ったよ。なかなか迫力あった。セルビア軍が反撃してきて大激戦になったらもっといい写真が撮れるんだが」とちょっと笑いながら言うと、「それは俺たちにとっては困るんだよな。このまま一気に勝ってしまいたいよ」と返してきた。

「どこまで敵を追い返したら勝ちなんだ?」

「あの尾根の向こう側までかな。ドブロブニクの町に砲撃ができないところまで追っ払えばいい。もうあと数キロだよ。ここの町だって数カ月前まではセルビア軍に占領されていたんだ。われわれは今押しまくってるんだ。絶対に近いうちに勝てるさ」

そんな会話をしている間にも、セルビア軍の砲撃はますます激しくなっていた。ゴーストタウンの中に着弾している弾だけでも、五秒に一発くらいのペースだ。昼間の砲撃の三倍くらいの激しさである。

「ここのセルビア軍を山の向こうまで追い返したら、その後はどうするんだ。まだクロアチアは国土の三〇パーセントを占領されている状態だから、それらのセルビア軍をやっつけに転戦しなければならないんだろう」

「いや、自分の町が安全になればもういい。他の町のことは、その町の人間がやるべきだろう。ドブロブニクが安全になったら、俺は兵士なんか辞めて町に帰るよ」

「新生独立国クロアチアのために戦う気はないのか」

「国のためになんていう気持ちはないね。自分のために戦っているんだよ。国なんて、俺たちを戦争に送り込んで税金巻き上げるだけで、何もしてくれはしない。俺はドブロブニクの戦争が終わったら、町でのんびりと暮らすよ。他の町の人間のために戦いに行って命を落とす気はさらさらないね」

この個人主義的考えは、クロアチアではよく聞かされる。逆にセルビア人というのは、国とか民族というものを意識して団結しやすい。こういう違いがはっきりと出ているものだから、国家レベルでの戦争になった場合は、セルビア軍のほうが強いことが多かった。しかし、一つの町を巡っての攻防

ため、自分の町のために戦うという気持ちが強くなるため、団結でまとまっていたセルビア兵のほうに厭戦になると、クロアチア軍のほうが自分のため、自分の町のために戦うという気持ちが強くなるため

か、強い。戦争も四年を超えた一九九五年夏になると、団結でまとまっていたセルビア兵のほうに厭戦気分が出ていて、個人主義のクロアチア兵のほうが「奪われた土地は取り返すぞ」と戦意は高くなっていた。そして、一九九五年八月、一気に形勢を逆転させてしまう大反攻作戦を成功させるのである。国家や民族のために戦う兵士よりも、自分のために戦う兵士のほうが粘り強いということだろうか。

午後六時を過ぎると、外は暗くなってきて、地下室の中はもう完全に真っ暗だ。ろうそくの火の周辺だけが照らされていて、どうしても視線がそこに集中する。暗闇の中で視界を奪われると、音に敏感になるのだろうか。砲撃の「ヒューッ、ダーン」という破壊的な音に妙に心細さを感じるようになってきた。スロットマシーンの話で盛り上がっていた若い兵士たちも、もう話題が尽きてしまったようで静かになっている。私とマリーの会話も途絶えてしまった。

そうしたら、マリーがペンライトを点けながら壁際でゴソゴソと何かを捜し始める。手に取ったカセットテープをペンライトで確認するとラジカセに入れ、「砲撃を受けているときにはこの曲がいいんだ」と言いながら元の場所に戻って来た。かかった曲はプレスリーの「ラブ・ミー・テンダー」という曲である。

それまで砲撃音以外の音のなかった真っ暗闇の空間の中にいきなり音楽がかかったものだから聞き入ってしまう。そして聞き入っていくと、砲撃の殺伐とした破壊的な音と「ラブ・ミー・テンダー」のメロディーがなかなか良い雰囲気を醸し出してくれる。「この砲撃はいつ終わるんだろう」というイライラとしたものがなくなり、「もし直撃弾がこの地下室に命中して死んでしまったら、それはそういう運命だったってことよ」という潔さというか諦めというか、そんな心境を素直に受け入れられるよ

うになって、非常に気持ちが楽になってきた。

三〇〇〇発の集中砲撃

マリーは、「今日の砲撃はとくに激しい。さっきわれわれが撃った弾が奴らの大砲に当って、奴らが怒り爆発して撃ちまくってるのかな。それにしてもこれだけたくさん撃ってくれれば、味方の偵察部隊がさらに敵の位置を発見してくれる」と、砲撃の激しさを歓迎しているような表情だ。

時計を見ると午後八時を過ぎていた。私が山越えを始めてから一〇時間、少なめに見積もっても、三〇〇〇発の砲撃を二〇〇×二〇〇メートルのエリアに叩き込まれていることになる。さすがにこれだけの長時間にわたって砲撃を食らうと、「この砲撃は終わらないのではないか」という気になってしまう。とくに「ラブ・ミー・テンダー」がかかってからは、気持ちは楽になったものの、具体的に自分の死に方を意識するようになってしまった。それなのに、気持ちは楽なのである。不思議なものである。実際の戦争にも、ＢＧＭはあるんだなぁと思い、それと同時にマリーの選曲のセンスもなかなかいいと感じた。

一時間くらいして砲撃は終わった。「長い砲撃にも終わりはあるんだなぁ」と思うと、夜空に輝く星がことさらに澄んで見える。自分自身は、ただ地下室でウダウダしていただけなのに、砲撃が終わったというだけで、何か大仕事を終えたような充実感がある。その後、私は、チェチェンやイラクなどでも戦争取材を続けてきているが、この一一時間で三〇〇〇発というのは最も激しい体験となっている。

左の男がマリー。

戦った思い出に砲弾の薬莢を持ち帰る。

しばらくすると、真っ暗闇の中からいきなり無灯火のトラックが現れた。弾薬輸送トラックである。砲撃が終わるまで山の下で待っていたのだ。

荷台の後ろ扉が開くと、みんな急いで弾薬箱を建物の中に運び込む。真っ暗な中での作業だが、ペンライトさえも使うわけにはいかない。最も敵には発見されたくないシーンだからだ。二〇分くらいで弾薬箱をすべて下ろすと、マリーが「町へ帰りたい奴はトラックに乗れ」と言う。すると、無線係の二人を除いて全員がトラックの中に乗り込んだ。「夜だからといって、戦車隊をこんなにもぬけの殻にしてしまって良いのだろうか」と他人事ながら、心配になってしまう。

気がつくと、みんな砲弾の空薬莢を拾っては選んでいる。「それをどうするんだ」と訊くと、「家に

彼らは、国のためではなく、自分の町ドブロブニクを守るために戦っている。アドリア海の真珠といわれている古都ドブロブニク。

持ち帰ってお土産にするんだ。八五ミリと一〇〇ミリ、一二二ミリを揃えたいんだが、一二二ミリがなかなか見つからないんだ。できれば綺麗なヤツがいいんだが」と言いながら、真っ暗な中で薬莢を捜し回っている。そしてしばらくすると「あった、あった」と嬉しそうに空薬莢を抱えてトラックの荷台に乗り込んできた。ほとんどマニア少年のノリである。

マリーは私にも、「みんな帰るけど君はどうする」と聞いてくる。あくまでも個人の意志を尊重するという考えなのだろうか。兵士たちがみんな引き上げてしまうのに、残っていても仕方ないから私もトラックに乗り込んだ。トラックの中には一五人くらいのクロアチア兵がいたが、そのほとんど全員が大事そうに空薬莢を三つずつ抱えている。マリーは、「戦争で戦ったという思い出だよ。われわれにとっては大切なことなんだ。子どもや孫に見せて威張るのさ」と笑いながら説明してくれた。

4 サラエボを攻撃する指揮官の苦悩

濃霧がチャンス

一九九四年一二月、サラエボは雪がシンシンと降り続いていた。標高六〇〇メートルほどあるサラエボは、かつては冬季オリンピックが行われた（一九八四年）ことからもわかるように、ヨーロッパ有数の豪雪地帯である。そんなサラエボは雪が降ると濃い霧に包まれて、視界がきかなくなるため、狙撃による危険も少なくなる。破壊された街並みに雪が積もっている光景は寒々しいのだが、狙撃を警戒せずに出歩いている市民たちは、真夏の晴天の日よりなごんでいる。

私は、サラエボ市街のセルビア人勢力支配地グロバビッツァ地区を歩いていた。サラエボ戦線は、ボスニア戦争の勃発当初からセルビア人勢力がサラエボの町を包囲する形になっていた。セルビア人に言わせると、「戦争が始まってからセルビア人がサラエボを包囲したのではないよ。昔からセルビア人はサラエボを囲むように郊外に住んでいたんだ」とのことだ。

グロバビッツァ地区の最前線指揮官ドディック・ネボイッシャ少尉は、「敵に最も近づける戦線へ案内するよ」と言って、五階建てのビルに入っていった。ビルの両側は、天気のよい日だと、夜間にしか移動できないのだが、この日は濃い霧で覆われていたため、小走りに駆け抜けることができた。ネボイッシャ少尉は「濃い霧のおかげで君は、最前線まで行けるんだ。非常にラッキーだよ。今までここに外国人のジャーナリストは一人も案内していない」と言う。

階段を三階まで駆け上がって、セルビア兵二人のいる部屋へ顔を出し、ネボイッシャ少尉が「最前線まで行けるか」と聞くと、「この霧なら大丈夫だ。霧が晴れないうちに行こう」と、すぐに立ち上がって案内してくれた。廊下を歩いて行くと、コンクリートの壁で塞がれているところに着いた。案内のセルビア兵は「この壁の向こう側にはボスニア軍の兵士がいるよ。両軍が二〇～三〇センチしか離れていないんだ。世界で一番接近してる最前線だぜ」と説明をしてくれた。

だが、ここの最前線はあまりにも敵味方が接近しすぎているため、兵士は配置していない。もし敵の奇襲攻撃があった場合、最前線にいる兵士は、捨て駒のような犠牲者になってしまうからである。

サラエボのオフィス街。

壁の向こうはボスニア軍の最前線だ。右がネボイッシャ少尉。

敵味方が近いので直径５センチほどの穴から外を覗く。

かわりに、このビルを監視できる位置に両軍とも監視兵と狙撃兵を配置しているのだ。「左手のビルはセルビア軍が占拠しているから、こっち側なら外を見れるよ」と言って、左側の戦線の状況を説明してくれた。破壊されつくしているビルの上と一階に数人ずつの狙撃兵が監視についているのだと言う。

逆にビルの右側は、約一〇メートル離れたところにボスニア兵の陣取るビルがあるため、窓などはすべて土嚢や弾薬箱、板などで塞がれている。そこに直径五センチほどの穴が空けられていて、それが唯一の視界なのだ。しかも、その五センチの穴に顔を押しつけて外を見るわけにはいかない。この穴から見ていることを敵に悟られて狙撃されたら、確実に顔面を撃ち抜かれてしまうからである。二〇センチほど離れたところからこの穴を通して外を見ても、隣のビルの窓が一つ見えるだけである。ネボイッシャ少尉は、「この穴は、あそこの窓を監視するためだけのものだよ。これ以上穴を大きくするわけにはいかないんだ」と言う。敵味方が一〇メートルという至近距離で対峙する前線の緊張を感じさせられる。

しばらくして、やや風が出てくると、ネボイッシャ少尉は「風が出てくると霧が晴れるから、今のうちに戻ろう」と促してきた。霧が動きだしているのを見ると、「本当に私は運が良かったんだなぁ」ということを実感する。ビルを出て、二〇メートルほどの狙撃ゾーンを駆け抜けて、市場のほうへ出る。その裏手の斜面にある彼の指揮所へと入り、そこで彼はサラエボの戦況について語り始めた。

「あのビル街の戦線は、もともとはすべてセルビア軍のものだったが、一九九四年一月六日にボスニア軍が大規模な攻勢をかけてきたんだ。早朝から、グロバビッツァ地区全域に集中砲撃を加えてきた。迫撃砲、戦車、擲弾、ロケット砲とあらゆる火器を動員して一時間近く撃ち込んできた。まったくの不意打ちだった。グロバビッツァ地区では、市民も兵士も大混乱を起こして移動もできない状態に陥ってしまった。武装は禁止されているはずの包囲下サラエボに、あんなにたくさんの重火器を持ち込んでいたとは驚きだったよ」

撃ちたくないけど撃ち返す

――セルビア軍はそれに対して、山の上からサラエボに報復砲撃をしたんですか。セルビア軍は、サラエボを包囲してるんだから、戦況はもともと有利でしょう。

「いや、無作為に街を撃つわけにはいかないよ。中心街には、セルビア人もたくさん住んでいるんだから。グロバビッツァにはほとんどボスニア人はいないから、彼らは、こっちに無作為に砲撃してこれるんだけどね」

　そして彼のほうから、「君は中心街も見て来ただろう。破壊のされ方はどうだった」と聞いてきた。「旧市街はほとんど破壊されていなかった。最前線に近いところはかなり集中的に破壊されているけど、それ以外のところで、とくに住宅地区などはほとんど破壊されていなかった。市民に対する無差別攻撃はしていないということはわかるよ」と、見てきた通りのことを答えた。彼は頷きながら、「今年二月に、たった一発の迫撃砲弾が市場に落ちて約二〇〇人が死傷する事件が起きたのは知っているね。あれは、ボスニア側が時限爆弾を爆発させた自作自演だと思うんだが、君はどう思う」と聞いてくる。

「そういう可能性も高いと思うよ」と、曖昧な答をするしかなかった。とはいっても、たった一発の迫撃砲弾で二〇〇人がやられたなどという発表よりは、時限爆弾のほうがよほど真実味がある。私は質問を続けた。

――セルビア軍はサラエボの戦いをどのような形で終わらせようとしているんですか。軍事力でサラエボを占領する考えもあるのですか。それとも、今の状態のまま包囲を続けていればよいという考えですか。

「それは、上層部の決めることだが、私の考えとしては、サラエボ侵攻作戦はありえない。それは、戦力的に無理だからではなく、中心街にもたくさんのセルビア人が住んでいるからだ。私の親しい友人もたくさん向こう側にいるし、私の上官である大隊長などは、両親が中心街に住んでいる。たとえ、上層部からサラエボ侵攻の命令が出たとしても、兵士たちは従わないだろう」

――戦争の最終目的が定まっていないということですか。

「サラエボの街に攻撃をしなければならないが、サラエボには同胞のセルビア人もたくさん住んでいるからあまり撃ちたくない。しかし、向こうからは撃ってくる。結果的にはわれわれも撃ち返す。これがサラエボの戦争なんだよ。戦争の最終目的なんて誰にも語れないだろうよ」

――サラエボを占領する意思はまったくないということですね。

「サラエボを取ろうとは思わない。上がそんな命令を出しても兵士は動かないよ」

ネボイッシャ少尉は、サラエボに銃口を向ける部隊の指揮官なのだが、サラエボをこのうえなく愛している。

「サラエボは、ユーゴスラビアの首都ベオグラードなんかより、ずっと楽しい街だったんだよ。友だち同士で集まってパーティーをやるにしても、サラエボだったら街中にいくらでもそういう場所がある。ベオグラードだったら、ホームパーティーしかできないんだ。夜中まで飲んで踊って遊ぶには、サラエボは最高の町だった。学生時代とかにサラエボで青春を過ごした人は、サラエボの魅力に取り憑かれてしまう者が多い」と、サラエボで楽しく遊べた頃の思い出話は尽きることはなかった。

だが、ネボイッシャにとって戦争は暗いことばかりではなかった。「私は今、郊外の家を借りて恋人と同棲してるんだ。サラエボにいた頃はなかなか口説き落とせなかったんだが、戦争が始まって自分たちの住む町がなくなってからは、トントン拍子で恋はうまくいった。お互いに助け合って生きていくためってことでね」と言う。

他のセルビア人からも、戦争が始まってからは、恋人をつくりやすくなったという話はよく聞いた。また、女性のほうの親が結婚に反対していたものの、戦争が長引くにしたがって、結婚を承諾するようになったという話も増えている。ネボイッシャは「私たちも近いうちに結婚するよ。今は結婚の一大チャンスなんだ」と、真剣な口調で自分に言い聞かせるように語る。

彼は、サラエボでの楽しかった日々や自分の恋人の話をしたそうだったが、私はあえて軍事的な話に戻してしまった。普通のジャーナリストだったら、彼の青春の思い出などを聞き続けるのかもしれないが、私の興味はまず第一に軍事情勢だからである。

——あのビル街の戦線に守備兵力がわずか数人というのは少なすぎませんか。

「確かにまた大攻勢を食らったら、何カ所かは占領されてしまうかもしれない。しかし、あんなに敵に近いところに兵を配置するわけにもいかないんだ」

——グロバビッツァ全体ではどのくらいの兵力ですか。

「細かいことは言えないが、一個大隊だ」

——ボスニア側はサラエボ市内だけで約一万ですよ。もし敵がグロバビッツァに本気で攻撃してきたら、グロバビッツァも諦めるんですか。

「いや、市街地には大兵力を張りつけるべきではないんだ。市街地というのは、防御する側に有利だから、攻撃されても何時間かは持ち堪えられる。逆に、グロバビッツァに集中砲撃を食らって、同時に他の戦線に攻勢をかけられた場合に、グロバビッツァの部隊を移動できなくなってしまう。ここに部隊を集中しておくと、そういう場合に他の戦線へ移動できなくなってしまう」

——ボスニア軍はサラエボに約一万、西のイグマン山にも約一万ですね。イグマンの一万が動いた場合はどうしますか。

「それに対しては大丈夫。セルビア軍には機動力がある。ボスニア軍が未舗装の山道を移動して数時間かかってサラエボまで前進したとしても、セルビア軍はパーレ、ハンピエサックなどサラエボ東部の拠点から、完備された舗装道路を使って一時間半でサラエボに到着する。ボスニア軍は軍事の専門知識が乏しいから前線で戦うことしか頭にないみたいだが、われわれセルビア軍には戦略予備軍という考えがある」

私は、イグマン山の山道も、セルビア人支配地域の幹線道路も通ったことがあるからわかるが、ネボイッシャが言っていることは、軍事的には正しい。だが、グロバビッツァ地区が持ち堪えられるかどうかについては疑問である。というのは、セルビア軍はサラエボに侵攻する意思がなく、防御一辺倒だから、どうしても配備と作戦に甘さがある。戦争というのは攻守一体、つまり「攻撃する」という態勢が敵に対する脅しになってこそ、守備も完璧にできるものである。サラエボを攻撃したくないと思いながらサラエボに銃を向けているという点が、ネボイッシャに「これがサラエボの戦争だよ」と言わせてしまうところだ。

カフェテリア

ネボイッシャの案内で、最前線から三〇メートルしか離れていないカフェテリアへと行ってみた。コンクリートの壁やヒューム管などが遮へい物として並べられていて、ボスニア側から狙撃されないようになっている一角にある。ボスニア側のサラエボは、最前線から一〇〇メートルくらいのエリアではほとんど人は見かけないのだが、セルビア人はかなり前線に近いところにも人々がいる。カフェで雑談をしていたセルビア兵が、「ここからは中心街の建物が見えるんだ。あのコンクリート壁の向こう側のビルは中心街だよ」と教えてくれた。

サラエボでは、市街地のほとんどはボスニア人勢力下になっていて、セルビア人側の支配地域はグロバビッツァ地区だけである。ということは、もしセルビア人が前線から数百メートル退いてしまったら、グロバビッツァ地区のほとんどは無人になってしまう。そんなわけで、セルビア人は前線の間近で生活していることもあるが、それだけではない。セルビア人たちは、自分たちの愛する街サラエボに少しでも近い位置にいたいのである。

このカフェテリアは小銃による狙撃では狙われないようになっているものの、迫撃砲や擲弾など曲射弾道を描くもので狙われたら、ひとたまりもない。それにもかかわらず、セルビア人地域の中で最もにぎわっている所なのである。また、このカフェテリアでは、「戦争や政治の話題はしない」という一つのルールもあるとのことである。

ネボイッシャは、「ここの人たちはジャーナリストに写真を撮られるのも嫌がるんだ」と言っていたが、この日の客たちは「あなたが真実を報道してくれるのなら、このカフェテリアの写真を撮ってもらいたいよ。最前線から三〇メートルとは思えないくらい明るい雰囲気だろ」と言ってきてくれた。店のマスターは「最前線だろうがなんだろうが、セルビア人っていうのはいつもこうなんだよ」と誇らしげに笑った。

マスターも「今は、セルビアの男にとって恋愛と結婚の一大チャンスなんだよ。戦争が始まってからは、女たちがあまり自分の町から動かなくなったから、地元のカフェやバーで何時間も喋っていることが多いんだ。カフェで出会って喋って、次の日に同じカフェに行けばまた出会えて喋れる。仕事もないし、遊びにも行けないから、恋に走るのが一番いいんだ」と嬉しそうに言う。確かに、ここのカフェにもカップルで盛り上がっている若者が多い。

カフェで二〇分ほどしゃべってから外に出て、雪道の斜面を上って行くと、子どもたちがソリで滑って遊んでいた。だが、霧が晴れ上がってきたので、大人たちが急いで子どもたちからソリを取り上げて家の中へ帰らせている。そして「パフーン」「ポフーン」という霧の中にこだまする銃声が二発。「霧が晴れてきたぞ」の合図なのだろうか。

そんなことを思いながら、山の中腹にある前線基地へと向かっていると、おじさんが一人、山の上から駆け降りてきて「ちっくしょう！　霧が晴れたらボスニア兵の奴め、いきなり撃ってきやがった。ソリをしてた子どもが足を撃たれた」と報告してきた。その報告と同時に、「子どもを家に入れろ、子

このカフェテリアでは政治と戦争の話はしない約束になっている。

サラエボの旧市街を見渡せば、町の中心部はほとんど無傷であることがわかる。(1994年7月)

サラエボ中心街のオープンマーケット。包囲戦闘下とは思えない平和な光景だが、これがサラエボ戦争の現実だった。(1994年7月)

どもを外へ出すな」とみんなが連呼していく。だが、騒然とした雰囲気になるわけでもなく、感情的になる人がいるわけでもなかった。ネボイッシャは「霧が晴れるときが一番危ないんだ」とポツリと言っただけである。

膝くらいまでの雪をかきわけて塹壕陣地に着くと、その地域の民兵が「子どもが撃たれたのか。あの道でのソリは禁止させといたのに」と残念そうに言った。

塹壕陣地の兵士たちは、私の顔を見るとまず一言めに「中心街へは行ったか」と聞いてくる。そして、「中心街ではアイスクリームを食べられるっていうのは本当か」と、ちょっと怒ったような顔つきで聞いてくる。真冬のサラエボでなんでいきなりアイスクリームの質問なのかと唖然としていると、「国連の援助でサラエボには真夏にアイスクリームが配られたっていうニュースを観たんだが、アイスクリームを食べられるような生活をしているサラエボの奴らがなぜ世界から同情されるんだ。われわれは、主食でさえも満足には配給されていないんだ。肉なんか食べたのは一年前のことだよ。なんで戦争に勝っているわれわれがひもじい思いをして、包囲されている奴らがアイスクリームを食えるんだ」と、悔しそうにまくしたててくる。

この塹壕陣地にいるセルビア兵たちは、サラエボ中心部の出身ではないためか、グロバビッツァ地区のセルビア人ほどサラエボに対する愛着はないようだ。というよりは、サラエボのボスニア人に対して、「あの都会のチャラチャラした奴ら」という意識があるようにも感じた。同じサラエボ戦線でも、山の上と下では、これほどまでに意識の違いがあるというのは意外だった。

サラエボではしばらく侵攻を伴う戦闘は行われなかったが、私が訪れてから半年後の一九九五年五月、ムスリム側が一斉攻撃に出た。包囲下のサラエボ市街からは南北に攻撃を仕掛け、包囲するセルビア軍の外側からは二〜三万の兵力で攻撃に出たのである。しかし、ネボイッシャが言っていた通り、セルビア軍の戦線はどこも崩れることはなく、ボスニア側の攻勢は三日で挫折し、その後は敗走している。

だが、その後の和平会談によって、グロバビッツァ地区はボスニア側に明け渡すことに決まった。コンクリート壁一枚を巡って攻防を繰り広げていたグロバビッツァ地区は、政治レベルの話し合いによってボスニア人勢力のものとなったのである。三年間以上も必死になって守り抜いた町を、政治交渉の結果によって諦めることができたことの陰には、やはりサラエボで戦うセルビア人の多くがサラエボの町が好きで、「これ以上サラエボで戦争をしたくない」という思いがあったからであろう。

和平合意から一年以上もたつと、セルビア人共和国とボスニア・ヘルツェゴビナ連邦（ムスリム人、クロアチア人）の境界線付近には、人々の交流の場としてのカフェテリアがオープンし始めている。だが、戦後のボスニアを取材して回っていた知人によると、境界線のカフェテリアは、セルビア人側にしかなかったという。

セルビア人はサラエボの中心街に対する思いが強いが、中心街に住むボスニア人はわざわざ郊外のセルビア人地域のほうのカフェテリアへ行こうなどとは思わないのだろう。こういった現象からも、サラエボから追い出されたセルビア人が、いかにサラエボに愛着を感じているかがうかがえる。

そして、終戦から四年たった一九九九年、サラエボを訪れてみると、境界線も検問もなく、ボスニア人もセルビア人も自由に行き来できるようになっていた。

5　優秀な指揮官の条件

「おまえら、なに無駄話しているんだ！　さっさとＲＰＧを運べ！　俺一人に仕事やらせる気か！」

小柄なソルマッツが対戦車ロケット弾ＲＰＧ２の弾頭を三発抱えて現れたと思ったら、猛然と部下たちを叱り始めた。それまでお茶を飲みながらギャハギャハと笑って盛り上がっていたチェチェンゲリラたちは、悪さをしているところを見つかった小学生のように情けない表情で弾薬庫へと急ぐ。

その彼らに追いうちをかけるように、「さっき言っただろ！　今夜出撃だぞ！　遊びじゃねぇんだぞ！　グズグズしてやがると蹴り入れるぞ！」と口汚いロシア語が飛ぶ。そしてソルマッツは、外来者である日本人の私の目の前で怒りを見せてしまったことを恥ずかしがるような照れ笑いをしてみせるのだが、その照れ笑いは一瞬で、すぐに再び真剣な表情に戻った。

一九九五年二月八日の夕方、チェチェン共和国のグーデルメスという町に待機していたチェチェン人ゲリラたちは、「ロシア軍に包囲されてる首都グロズヌイへいよいよ突入か！」という緊張した空気に包まれていた。ゲリラ戦を戦う不正規部隊は、階級章や厳しい規則がないため、上官と部下の関係を雰囲気からは掴めないことが多い。そのため、ソルマッツが怒鳴り出すまで、彼が隊長だとは気づかなかった。

ただ者ではない小男

ソルマッツは、身長一六〇センチ弱と小柄で、ちょっとあどけない笑顔を持っている。はっきり言って、あまり隊長としての風格もなければ戦士としての迫力もない。皆からは「タンキスト（戦車兵）」と呼ばれている。ソ連軍にいた頃には、ウクライナで戦車小隊長をやっていてT80戦車に乗り込んでいたからだ。

他のチェチエンゲリラたちが「彼はタンキストなんだ」と言って私に紹介すると、ソルマッツは誇らしそうな笑顔で戦車記章を見せてくれていたのだった。六日間の待機のときには、「ナイフ一本あればロシア兵なんかいくらでも殺せる」と言って正確なナイフ投げを見せてくれた。銃剣、斧、チェチェ

座っている男がソルマッツ。

ナイフ投げを見せるソルマッツ。

ン刀、何を投げても、木の幹のど真ん中にドスッと深く刺さる。単なる的当てではなく、確実に殺すためのナイフ投げなので、刺さり方が深い。

私がスコップを持って来て、「これでロシア兵を殺すときにはどうやるんだ」と冗談半分に聞いてみると、じっとスコップを見つめたまま、それを右手に取ってナイフ投げと同じ要領で思いっきり投げつけた。すると、スコップは木の幹に見事に突き刺さったのだ。ソルマッツは「スコップでやったのは初めてだけど、こいつでもロシア兵を殺せるなぁ」と満足気な笑顔をしていた。まわりで彼のスコップ投げを見ていたチェチェンゲリラたちは、ちょっと驚きと恐れの顔になっていた。

しかし、こんな奔放さを持っていた彼には、いつも何か考えごとをしているような暗さもある。ロシア語で十分に意思疎通ができるわけではないので、そのアンバランスさゆえに落ち着きのない男だと思っていた。そんな印象だったため、まさか彼が隊長だとは思わなかったのである。

ソルマッツの動きがあわただしくなった日の午後に、トラックの荷台をバスのように改造した兵員輸送車が到着していた。そして、怒鳴られていたチェチェンゲリラたちは、このトラックにロケット弾や重機関銃を積み込み始めている。ソルマッツはもう一人の兵士と一緒にエンジンの調整をしている。点検をしてエンジンを吹かしてみては、オイルや水の漏れを確認するために車体の下に潜り込んでいるのだ。

こういうときのソルマッツの顔は真剣そのもので、昨日までの愛嬌ある笑顔はまったくない。何か早口で指示をしながらテキパキと作業をこなしていた。この頃になるとさすがの私も「ナイフ使いでありながらエンジニアでもある。このソルマッツという男、ただ者ではないぞ」ということに薄々と気づいていた。歩兵としての実力は特殊部隊並みで、メカに対する知識は戦車小隊長としてのレベル

グロズヌイ突入のため36人のチェチェンゲリラが集まった。

を持っている。さらに、小さなミスを見落とさない細かさ、めんどうな仕事は自分が率先してやる性格、一喝で部下たちを従順にしてしまう迫力、もしかしたら、この小柄で神経の細かい男は相当できる指揮官なのかもしれないと感じた。

午後一一時に出撃が本決まりになった。ロケット弾RPGが四〇発以上、二三ミリ重機関銃一丁、軽機関銃三丁がトラックに積み込まれた。家の中では、イマーム（イスラム僧）を中心にして、出撃前の祈りが上げられ、それが終わるとすぐにカラシニコフや狙撃銃で武装し、機関銃の弾帯を体中に巻いたチェチェンゲリラ三六人が順次トラックに乗り込む。運転席には、ドライバーと道案内人、そして地図を持ったソルマッツが乗る。道案内人は「アルグンの町にロシア軍が迫っているから大きく南側を迂回する」と説明し、ソルマッツは、地図を広げて納得していた。

トラックはライトを完全に消して真っ暗闇の中を走って行く。荷台の中にはRPGや軽機関銃が無造作に置いてあり、ぎゅう詰めだ。トラックが不整地の道に入ると、真っ暗な中でＲＰＧが足の上に倒れてきたり、積み重ねてある弾薬箱が崩れて手足を挟まれたりと、ただトラックに乗っているだけでも気が休まらない。武器というのは、なにしろ硬くて重いものばかりだから、指の先を挟まれたり頭をゴツンとやられると思わず声を上げてしまう。

包囲下のグロズヌイへ突入

しばらくして、チェチェンゲリラたちがお祈りの言葉を合唱し始めた。「リスミラルダ、アーレーヒム、マーマレクトム、アハリスン、アーレンコン……」とイスラム教ならではの合唱が続く中で、その雰囲気に包まれていった。祈りの言葉の意味は全然わからなかったが、「かなり決死の覚悟の出撃なのかもしれない」という緊張だけは感じ取れる。こういう中にいると、自分だけがイスラム教徒ではないことを強く意識してしまう。とりあえず「このグロズヌイ突入に参加したことを後悔する結果にだけはならないように」と自分流に祈った。

トラックは真っ暗闇の中で何度も停止しては地図で確認をしたり、外を歩いている人から情報を得たりして進み、翌日の午前六時頃にやっとグロズヌイの南西郊外に達した。明るくなった頃には、荷台に乗る三三人（三人は運転席）のほとんどは眠り込んでいたが、一人が外に目をやりながら「グロズヌイだ」と言うと、ほとんど全員が一斉に目覚めて窓の外に目をやって、軽い溜め息が方々から出た。

距離は三キロほど離れていて、標高はわれわれの位置より五〇メートルほど低いであろう位置から、真っ黒い煙が二本上がっていた。その周辺にはビル街が広がっている。「ついに来たか」と心の中で叫びたくなる一瞬だ。しかし、歓喜ではなくやはり溜め息である。

トラックは、油田の汲み上げポンプの乱立する中をゆっくりと走って行き、尾根を一つ越えると山腹を下り始める。しばらく下ると鉄道の線路が見え、そこから数百メートルほどのところにある四階建てのビルの前に着くと、みんながトラックから降りた。グロズヌイ到着である。

どんよりとした曇り空から、チラホラと雪がぱらついていて、約二キロ先からは黒煙が上がっている。装甲車二台がエンジンを吹かして前後に数メートルずつ走ってはキャタピラの張りを調整している。数キ

グロズヌイに到着。左の車で突入してきた。

われわれ36人の部隊はその日のうちに最前線へ配備された。

ロ離れているであろうところからは、「ドドーンドーン」という砲撃音が聞こえ、ビルの裏手では、重機関銃を一発ずつ撃っては、照準器の調整をしている。「まさに戦場」というイメージの場面だ。

ソルマッツから「とりあえず睡眠を取るように」と言われて、寝床と毛布を確保する。こういうときには、日本人だからといって特別扱いはないから、遅れをとらないように自分の場所を確保しなければならない。トラックの中で何度もウトウトとはしていたのだが、揺れがひどかったうえに、RPGに両足を挟まれて痺れてしまっていたため、ほとんどまとまった睡眠は取れていない。また「最前線のグロズヌイに突入するんだ」という緊張で興奮していたこともある。

そのため、毛布を被って木の台の上に横になるとそのまま熟睡してしまった。「グーデルメス、グーデルメス」と呼ばれて起こされて初めて、自分がカメラを首から下げたまま眠り込んでいたことに気づいたほどだ。まわりの兵士たちがゴソゴソと起き上がって、自分の武器を持って外に集合している。変な態勢で寝てしまったため首や背中がちょっと痛かったが、そんなことを意識しているゆとりはない。「出撃なのだ」と気合いを入れる。

われわれはグーデルメスという町から来ているため、「グーデルメス小隊」と呼ばれているらしい。ここグロズヌイには、グーデルメス小隊と同じような規模の部隊が他に二つ、合計約一〇〇人の兵士がいた。三方を包囲されたグロズヌイの一角に踏ん張るこの約一〇〇人は「決死隊」と呼ばれていた。外から「グーデルメス、グーデルメス」と呼ぶ声が響く。

外に出ると、三六人がチェチェンゲリラ部隊の本部ビル前に二列になって集合していた。グロズヌイに常駐している副司令官からの挨拶があったが説明はなく、間髪を入れず出発ということになった。午後三時半、小雪のちらつく中ではあったが、雲の高さは午前中より高くなっている。「雲高が一〇〇

○メートルもあれば空爆もありうるな」と想像してみたりする。これは、別に前から知識として知っていたわけではなく、グーデルメスで待機していた六日間に四回ほどロシア軍の空爆を受けたので、そんな見当がつくようになったのである。

歴戦部隊の身のこなし

部隊が出発してしまったら、何かを考えたりしている暇はない。なにしろ彼らの動きについて行く

偵察部隊からの情報を伝え合う。

右で地面を指し示す男が副司令官。部隊を３つに分ける作戦指示をしている。

だけだ。小隊長を先頭に一列縦隊で住宅街を行く。歩調は意外と速い。一瞬立ち止まって写真を撮っているだけでも、どんどん追い抜かれてしまう。カメラマンというのは、部隊の前のほうから兵士たちを撮りたいから、追い抜かれた後は、また走って彼らを追い抜きかえして前に出ようとする。

だが初めての戦場では、指揮官の動きに注意していないと状況が掴めなくて危ないので、私はあわててソルマッツを捜した。ソルマッツも、私が彼を頼りにしているのを感じてか、「こっちへ来い」という仕草で呼んでくれた。ちょうどそのとき、上空から「ジュゴッゴオーウ」というジェット機の爆音が轟いた。一列縦隊の全員が近くの壁や家の軒下に身を寄せる。私の隣にいた一人は「攻撃機の場合は、体を物陰に寄せるだけで十分だ」と落ち着いたものだ。上空を一直線に飛んで行くスホーイ25地上攻撃機を半ばバカにしたような目で見上げていた。

スホーイ25が二機通過すると、すぐに一列縦隊は前進を再開する。その直後に再び「ジュゴーッ」という爆音。「さっきより強烈だ」と思って上を向きかかった瞬間に「ダーン、バキーッ」という爆発音が三つ。「砲撃か」と聞くと、「いや、ロケットだ」と一言。いちおうみんな遮へい物に身を伏せるのだが、驚くほど落ち着いている。「これが、天下のロシア軍を相手に真正面から戦っている猛者たちの真の姿なんだ」と思うと、自分の一つひとつの行動にも緊張が走った。

しばらく前進して、道路を外れて住宅敷地の中を歩き始めた頃、「ブオオオオーン」というプロペラエンジンののんびりとした爆音が聞こえた。高度約八〇〇メートル以下と思われるところを双発エンジンの飛行機が飛んでくる。飛行機の高度は、自分の真上に近いところを飛んだ瞬間と爆音が最も大きく聞こえた瞬間の時間差と音速の関係から推測する。このプロペラ機ののんびりさとは裏腹に、ソルマッツを初めとしたチェチェン人たちは、蜂の子をつついたようにバタバタとあわてて家の屋根の下に駆け込む。家に駆け込めなかった者は木の幹にピタリと体を張りつけるように立つ。私も彼らの雰囲気に呑まれて、近くの民家の屋根の下に飛び込んだ。

ソルマッツは屋根の下から上空を見上げて、「攻撃機はあまり気にしなくていいんだが、観測機に見つかるとあとでひどい目に逢う」と呟いた。目を細めて上空を見上げるその表情が、「戦場のベテラン」という雰囲気を醸し出している。観測機が完全に姿を消してしまうと、またチェチェンゲリラたちは隠れていた場所からゴソゴソと這い出して来た。

この三六人を率いている副司令官は、ソ連軍時代には大尉だった男なので、戦術は心得ている。副

砲撃下、遮へい物の陰にかがみ込む。

司令官は、四人を指名して独立狙撃チームとして狙撃ポイントに待機させ、彼らから四〇〇メートルほど離れた位置に別の二人の狙撃チームを配置した。この配置は、部隊を前進させる場合のお決まりスタイルのようで、この二チームが本隊の退路を守ることになる。二方向から十字砲火を浴びせるように配置するのは、機関銃配置の基本である。そこから一ブロック前進したところで、部隊を三つに分けることを指示。一番右の部隊がソルマッツ率いる一一人の戦車狩りRPGロケット砲部隊、中央が元空挺部隊小尉の率いる一〇人、左の一一人は副司令官が自ら率いる。

チェチェンゲリラたちは、あらかじめ三つのグループに分かれていたとは思えないのだが、とくにもめることなく三つに分かれた。ソルマッツは、自分のカラシニコフの銃身を塀の隙間に挿し込んで、これを足場として部下たちに塀を乗り越えさせる。私もソルマッツに目で合図をされて、カラシニコフの銃身に足を掛けて塀をよじ登る。塀の向う側へ降りると、兵士たちが一列に並んでいて、ロケット弾や軽機関銃を手渡しで前に送っている。塀を越えて次々にそういった長物の武器が送られてくるので、それをどんどん前へと受け渡していく。

そして最後にソルマッツが塀から飛び降りて来てから前進していく。ここからは、ロシア軍の狙撃兵に狙われる可能性があるので、壁と家の隙間を縫うように移動する。中庭や交差点など視界の開けたところを抜けるときには、五〇メートル以上の間隔を空けて一人ずつ走る。このダッシュは、自分の走る番のときに照準を合わされていないことを信じるしかない。

前方と右手後方から前方にかけての尾根状の雑木林が注意すべき方向なのだ。するとしばらくして「ヒューッ」という砲弾が空気を切り裂く唸りが聞こえ、「ダーン、バキッ、ダーン、バリッ」という四発の爆発音が続いた。着弾は、右後方の雑木林である。ソルマッツは「今のは狙って撃ってない砲撃だから気にすることない。よほど運が悪くない限り当たらない」と言う。すると、部下の一人が「あの位置に砲撃しているってことは、今日はあの尾根には敵の狙撃兵はいないってことじゃないか」と言ってきた。ソルマッツはちょっと下を向きながら考えて「なるほど、そうだ」と言い、それからは右後方を警戒せずに前進することになった。

後方を気にしないで動けるということは、遮へい物の選び方が非常に簡単になる。前方と右、後ろの三方向から隠れるように動くのは非常に頭を使うのだが、それが前方と右だけになると、比べものにならないほど楽になるのだ。ちょっと気楽になって前進していると、金網のフェンスに遮られた。

ロシア軍の砲弾が30メートル先に着弾。

よじ登って越えられそうだったが、ソルマッツは銃剣で金網を切断して人が通れる穴を作るように命じた。その横で一人がフェンスによじ登ろうとすると、ソルマッツの怒りが爆発。「フェンスを登るな！　バカでかい音をたてて見つかったら全員が命取りだぞ。勝手な行動するな！　わかったか！」

ソルマッツの叱り言葉はいつも一言多い罵声が飛ぶが、戦場では言い過ぎなぐらいのほうがビシッと通じるようだ。

こうしてソルマッツたちは、日没直後までにロシア軍と五〇〇メートルの位置で対峙する位置に布陣することになった。

神経質が命を救った

三日後の日没直後にソルマッツ部隊の布陣している最前線へ行ってみた。すると、ソルマッツの表情はさらに険しくなっていて、一つひとつの細かい動きにも落ち着きがない。しかし、このソルマッツの神経質さが彼の部下たちの命を救っているのだ。

一カ月前にロシア軍の戦車部隊がグロズヌイの市街地に突入したときに、ソルマッツの戦車狩り部隊は至近距離からのロケット弾攻撃でロシア軍を粉砕し、彼の部隊だけで二五台の戦車を葬っている。装甲車も入れたら相当の数になる。戦車小隊長をやっていた男が戦車狩りをしているのだから、ロシア軍にとっては、こんなに嫌な敵もいない。ソルマッツは「戦車の弱点はすべてわかっているし、戦車兵の心理もお見通しさ。しかし生身の体での対戦車戦は、ちょっとでも油断したらこっちが壊滅する」と、自分の神経質さを弁護するかのごとく説明してくれた。

私がグロズヌイにいた七日間に、同じ部隊から二人の戦死者と五人以上の負傷者が出ていた。毎日一人ずつがやられていくというのは、戦場心理としては、「次は自分じゃないか」という恐怖感に襲われるスレスレの線だ。しかし、最前線のソルマッツ部隊一一人からは一人も犠牲者は出ていない。ソルマッツの部下たちは、彼の神経質さと口うるささのおかげで生き延びていることをわかっているから、誰もソルマッツには逆らわない。

私が訪れた夜も、一人がフェンスに手を掛けようとしただけで、ソルマッツに「夜はフェンスに触れるな！　すっ転んで音を立てたら部隊は全滅だぞ」と叱られていた。見張りの兵士がちょっと雑談していれば、「ロシア兵が近寄ってたら最初に死ぬのはおまえだぞ。しっかり見張れ。手を抜くな、戦争をなめるな」と、喉元にナイフを突きつけられていた。

ベテランは戦闘の合間を縫って食事を摂る。

戦場の英雄というのは、戦争映画の中では大胆不敵で勇敢で男っぽい男が多い。しかし私の見た「戦場の英雄ソルマッツ」は、神経質で口うるさく、いつも暗い表情で考えごとをしていて、ちょこまかと落ち着きなく動き回る男だった。戦場で、味方の犠牲を最小限にしつつ敵に打撃を与えることのできる指揮官というのは、現実にはソルマッツのような男なのかもしれない。

Ⅲ

アメリカはこうして戦争を起こす

世界第１位の圧倒的な軍事力を持つ米国。湾岸戦争、アフガニスタン戦争、イラク戦争など、米国が起こす戦争に世界は注目する。また、国際世論は善悪二元論で戦争のすべてを捉えようとする。しかし、メディアによってもたらされる表層的な情報だけで、今起きている戦争を判断されるのでは、散っていく兵士たちも浮かばれない。戦いの裏に隠されているものとは。

1　コソボ紛争再燃の真実

セルビア人の死体じゃ興味ない

「ジャコビッツァ郊外で、民間人約三〇人の死体が発見された。取材希望者は午前一一時に集合してください」と、セルビア当局の発表があった。

「死体はアルバニア人ですか、セルビア人ですか」とドイツ人が聞くと、「セルビア人です」との答が返ってくる。「なんだ、セルビア人の死体じゃ、取材へ行っても意味がない。やめとこう」と呟きながら、ほとんどの報道陣が、その場から消えていった。

これは、一九九八年九月中旬、ユーゴスラビア・コソボ自治州の州都プリスティナのプレスセンターでのことである。コソボに入ってまだ一週間ほどしかたっていなかった私は、なぜ、セルビア人の死体では取材する意味がないのか理解できていなかった。定刻に集合すると、地元のメディア以外では、私とイタリア人二人だけである。イタリア人は「セルビア人の死体じゃ売れないだろうけど、私はコソボは初めてだし行ってみることにする」と言う。

確かに、「悪い奴はセルビア人で、虐殺されているかわいそうな人はアルバニア人」という構図を、そのまま絵にしたような写真のほうが売りやすいのはわかる。しかし、現場に来てみなければわからない意外性こそが、現場取材の最も意味のあるところであり、おもしろいところでもある。悪者の弾圧者であるはずのセルビア人が三〇人も殺害されている現実を見てみるべきだと思わないのが不思議

セルビア当局が報道公開したセルビア人の死体。死体袋に入っているので、悲惨さを訴える写真は撮れない。

でならなかった。

世界が注目して、たくさんの報道陣が集中している場所に身を置くことが好きなジャーナリストも多いが、私は、多くの人たちが取材しているネタにわざわざ自分が首を突っ込まなくてもいいと考えている。同業者に競争で打ち勝ちたいという気持ちがないからだろう。競争に勝つことよりも、自分だけのものがほしい、という性格なのだ。というわけで、外国メディアが二人しかいないことは、嬉しくもあった。

コソボ自治州南西部の拠点都市ジャコビッツァに着くと、その中心にあるビルの地下室に案内された。すでに黒い死体袋に入れられた死体三一体が並べられていて、遺留品や殺害に使われたと見られるワイヤーや刃物が机の上に並べられている。

この光景を見て、セルビア当局がメディア戦争に負けた、その「センス」の悪さの一端が理解できた。カメラマンが喜んでシャッターを押す光景というのは、死体袋に入ってる死体ではなく、現場に無残に放置された死体なのである。カメラマンは虐殺の悲惨さを訴えられる絵となる光景を求め、また、掲載する写真やレポートを大きく扱うかどうか判断する編集長やデスククラスの人も、同じものを求めている。死体袋に入っている死体の写真では、センセーショナルな事件としては扱われにくいのだ。

三一体の死体が置かれた地下室にたちこめた臭いというのは、決してよい臭いではないが、強烈な生命を感じさせられる。金魚鉢の中で貝や魚が死んだ後に発する腐ったような臭いと、汗にまみれ泥に汚れた靴下の臭いを合わせて強烈にしたような臭さである。死体の臭いなのだが、汗まみれの靴下のような臭いには、エネルギッシュな生命を感じられる。「異臭」とはいうが、それほど違和感のある臭いではなく、どこかで覚えのある臭いだ。ある意味、人間として動物として、最も身近な臭いなのかもしれない。

死体の臭いは、悪臭という表現をされることが多いが、私の感覚では、「死体になってしまっても、やはり生き物の臭いだな」という感想である。自分も死んだら、こういう臭いを発するんだろうなと思うと、親しみを覚えさえする。

イタリア人カメラマンは、死体袋の並べてある光景を撮ってから「死体袋を開けて撮らせてほしい」と頼んだが、それは認められなかった。死体の悲惨さを伝えるにはナマの死体写真を撮りたいのだが、セルビア当局には、そういうセンスはないようだ。彼は「セルビア人の民間人が集団で殺されているなんていうニュースはイタリアでは聞いたことないよ。コソボの戦争はセルビアが一方的に悪いと思っていたが、そんな単純なものではない。それにしても、外国メディアが他に誰も来ないのが変だ。ひどい話だ」と訴えてきた。

メディア戦争の勝敗

取材を終えて州都プリスティナに戻り、自室でテレビを観ていると、地元テレビ局はセルビア人三一人の死体が発見されたニュースを集中的に放映していた。このニュースが、ＢＢＣやＣＮＮなど国際大手メディアではどのように放送されているのかを観るためにプレスセンターへ顔を出してみると、一切放送されていない。プレスセンターのセルビア人に聞くと、「セルビア人が殺された事件は外国メディアでは扱われないよ」とそっけなく答える。

代わりに放映されていたのは、数カ月前の戦闘の映像である。コソボ紛争のニュースを放映する時間になると、オープニングで過去の戦闘の映像が、そのあとに、難民となったアルバニア系住民のインタビューなどが編集して流されるのだ。セルビア人が殺されているということには触れない。私がコソボに到着した日にも、セルビア人四四人の死体が発見されていて、地元テレビではそれが最も大きなニュースだったが、海外の大手メディアではそれは報じられていなかった。しかしこの頃には、このカラクリがわかっていなかった。

それにしても、この偏向報道を目の前にしても、セルビア人たちがとくに感情的にならないのが不思議だった。そんなことを考えながらＢＢＣのコソボニュースを観ていると、プレスセンターのセルビア人が現れて、「そんなプロパガンダ映画を観ていておもしろいか。君は現場を見てきているんだから、ＢＢＣなんか観る必要はないだろう」と話しかけてくる。

「ＢＢＣの偏向報道に対し怒りの気持ちはないのか？」

「プロパガンダ映画なんかに興味ないよ。われわれセルビア人は、自分たちのやってることが正しいという自信を持っているから、外国が何を言おうと気にしないさ」

「ボスニアのときみたいに米軍に空爆されたら損だろう」

「空爆？　セルビアは対米関係では何もトラブルはないよ」

米国は、直接自国に関係のない国にでも攻撃をしてくる国だということを、コソボのセルビア人はわかっていないのだ。真実ではないプロパガンダ映画であろうと、大手メディアが繰り返し流せば世界はそれを信じ、気づいたときには、セルビア人が無関係の国々から敵視される危険があることにも気づいていない。ボスニアでも同じようにメディア戦争で完敗したセルビア人が、コソボで再び、負け戦に向かっていこうとしている。

ユーゴスラビアのコソボ自治州は、アルバニア系住民が人口の約九割を占めていたが、政治・行政などの実権はセルビア人が握っていた。そのため、アルバニア人の権利を束縛する政策もあり、民族紛争の火種がくすぶっていた。それが内戦といえる規模に大きくなったのは一九九八年二月である。そして、三～五月にかけては、アルバニア人の武装勢力ＫＬＡ（コソボ解放軍）が勢いをもっていたが、以後、セルビア治安警察が反撃に転じ、七月には、セルビアがコソボ全土で優勢になる。八月には、ＫＬＡは細かい拠点を残すのみとなり、幹線道路や拠点都市は、すべてセルビア側が奪還している。

私がコソボ自治州へ入ったのは九月四日、セルビア側がほとんど完全にコソボを掌握しつつある時期である。幹線道路は、ほとんど問題なく通行できるようになり、ＫＬＡの活動はアルバニア国境の周辺と、コソボ北東部の山村に限定されていた。九月下旬になると、戦闘によってゴーストタウンになっていた町への避難民の帰還が始まっている。

このコソボ紛争では、約六カ月間の戦闘で約三〇万人の避難民と約七〇〇〇人の戦死者が出たといわれている。人口約二〇〇万人のコソボから三〇万人の避難民は大きい。しかし、六カ月間の戦闘による死者数が七〇〇〇人というのは、それほど多いほうではない。戦闘が行われていた町を見るとその理由がわかる。ゴーストタウンになっている建物は、それほど破壊されておらず、とても戦闘が行われたとは思えないのだ。

戦闘が行われていれば破片が無数に飛び散る対人榴弾が使われるはずだが、そういう弾痕が少ない。砲弾が一発だけ家に穴を空けているというのが目立つ。これは、セルビア治安警察部隊が一〜二発の警告射撃をしただけで戦闘は終了したとみることができる。セルビア側は、町を攻撃する際に、住民に退避勧告を行い、退避しない者だけをＫＬＡとみなして攻撃するようにしていたのだ。

もちろん、デチャニやマリシエボのように激しい銃撃戦をやった町もあるが、そういう地域は少なかった。しかし、メディアの人間というのは、激しかった地域だけをクローズアップして報道したがる。それは「私はこんな危険なところへ行ったんだ」と自分の勇敢さをアピールしたいからであろう。

ユーゴスラビア地域では、一九九一年から一九九五年まで続いたクロアチア、ボスニア・ヘルツェゴビナの戦争を経験しているため、コソボの戦争では、戦闘の前に住民を避難させることができたのである。これは、セルビア当局のやり方が巧くなっただけではなく、アルバニア系の人々が、ボスニアのような悲惨な事態にならないように、躊躇せず避難したからである。

だが欧米のメディアは、このようにして犠牲者を少なくしていることには興味はない。三〇万人の避難民を出したことだけに焦点を当てたのである。また、避難民の帰還が始まってから、自宅を修復するために建築資材がセルビア側から提供されていたが、そういう動きにはニュース価値はなかったようだ。外国メディアは、まだ帰還できていないテント生活の避難民の姿ばかりを追い続けていた。最も悲惨な人々だけを報道するのも、別に嘘を報道しているわけではないが、ニュースを観る側はメディアがすべてを伝えているわけではないと、割り引いて眺めていなければ騙されてしまう。

欧米のテレビ局は、コソボ紛争ニュースのオープニングにイメージ映像として数カ月前の戦闘シーンを使用し、いかにも、今現在も戦闘が続いているがごとく演出していた。現地にいた私でさえも最初は、「どこで戦闘が行われているんだろう」と真剣に観てしまった。これら過去の戦闘場面と現在の避難民の状況を組み合わせて編集し、「攻撃的なセルビア人」と「かわいそうなアルバニア人」をつくり上げていたのである。

こうした偏向報道に対して、セルビア当局は取材規制で反撃してきた。しかしこれでは、反セルビア感情をさらに強くするだけである。そこで私は、「ユーゴスラビア連邦軍もセルビア治安警察も取材はできない。ＫＬＡに接触するのはもっと難しい。ならば、残る武装組織はセルビア人民兵だ」と考えた。まず、セルビア人の友人をつくることから始めた。ホテルの従業員や銀行員などにはセルビア人が多いので、彼らに話を持ちかけてみる。

セルビア人民兵

「民兵をやっている友人がいたら、取材させてもらいたい。私は、ボスニアでもセルビア人の民兵や軍人をたくさん取材してきている。セルビア人の強さと誇り高さに敬意を表しているので、ぜひその姿を日本に知らせたい」と、セルビア贔屓の表現をして訴えるのだが、心にないことを言ってるわけでもない。ボスニア戦争を取材していく過程で、セルビア贔屓になっていたのである。
するとと、近くのレストランで働くエチャックというセルビア人から、「親友が民兵隊長をやってい
る。その村を紹介する」と声がかかった。彼は「村長は、自分の村が取材されることを禁止している
から、村長のいない日がわかったら君を連れて行く。そういう事情なので、隊長には一〇〇マルク（約
七〇〇〇円）ほどを謝礼として払ってほしい」と言ってきた。
そして、翌日からエチャックの家に一泊五〇マルク（約三五〇〇円）で泊めてもらうことにする。
そのほうが、民兵隊長からの「村長は出かけたからチャンス」という連絡と同時に出発できるからで
ある。
そして翌九月一一日、早くもそのチャンスは来た。いつでも出かける準備はできていたので、すぐ
にエチャックの車に乗り込んで出発である。プリスティナから幹線道路を南へ走り、三〇分ほどでグ
シュテリッツァという村に着いた。ここで、エチャックの友人であるラーディという民兵隊長の家へ
行く。
エチャックが私のことを、「ボスニアでもセルビア軍兵士をたくさん取材しているセルビア贔屓の
ジャーナリストだ」と紹介してくれたので、すかさず、セルビア兵の写っている写真などを見せる。
ラーディは黙って頷くと、「今は、私の最も親しい連中が警備に就いているから、すぐに現場へ行こ
う。交替になる前のほうがいい」ということで、すぐに裏手の丘に登った。
丘を一〇分ほど歩いて上がると、そこはトウモロコシ畑になっていて、付近の村を見下ろせる位置
になっている。「見知らぬ者がいきなり近づくと発砲してくるかもしれない」とのことで、まずラー
ディが草むらの中を歩いて行き、私は畑の手前で待っていた。そして一五分くらいしてから、ラーディ

が「来ていいぞ」と呼んでくれた。草むらの中には、迷彩服を着てユーゴスラビア製のカラシニコフ小銃を持った男と、平服のまま水平二連式ショットガンを持った男が立っていた。

民兵の持ち場からはグシュテリッツァの村を見下ろすことができ、KLAが村を襲撃しに来た際には、丘の上から応戦できる態勢になっている。民兵一人の持ち場は昼間は約五〇〇メートルだが、夜間には警戒の兵を増やして、一人当たり一〇〇メートルになる。警戒とはいっても、最前線の軍人ではないので、一瞬の隙もつくらず監視しているのではなく、家に戻って食事をしたりなどはしているという。

ラーディは「こんなふうに自分の村を民兵で守っているのはセルビア人だけだよ。人口の少ないわ

村の警備に就くセルビア人民兵。

2連式ショットガンで警備に就くセルビア人民兵。

れわれセルビア人は、アルバニア人の村を襲ったりなどしないから、アルバニア人は民兵など組織する必要はないんだ」と、コソボでは、少数派のセルビア人が日々怯えて生活している面もあることを教えてくれた。

国際世論では、コソボではセルビア人がアルバニア人を一方的に弾圧していると騒がれていた。しかしコソボ全体で、セルビア人の人口は約一割、農村地帯では三〜四パーセントになる。この数字から考えると、少数派のセルビア人が一方的に弾圧などできないのではないだろうか。

だが私は、彼ら民兵の写真を撮りながら思った。草むらの中で銃を担いで警戒態勢をとっているセルビア人民兵の写真を見たら、「セルビア人は一般市民まで銃を持っていて、なんて野蛮な連中なんだ！」と思う人がいても不思議はない。そして、メディアが、そういう意図を持ってこの写真を使えば、セルビア叩きの格好の材料にもなりうる。素朴で正直すぎるセルビア人は、報道対応の下手さゆえに、こうして国際社会をどんどん敵に回してきたのであろう。

帰りぎわに、エチャックに言われたとおり、謝礼として一〇〇マルクを渡すと、照れくさそうに受け取りながら、「真実を報道してくれよ」とだけ言って家の中に引っ込んでしまった。やはり、私の書く記事に不安を感じているようである。

隠し撮り

私の専門は、軍事モノである。しかし、ここコソボでは軍と警察の取材は一切禁止である。こうなったら、隠し撮りしかない。南西部の町ジャコビッツァで隠し撮りに徹することにした。ここでは頻繁に治安警察部隊とユーゴ連邦軍部隊が移動し、パトロールを繰り返していたからである。

まずは、町の雰囲気、緊張度などをつかむため散歩に出てみる。プリスティナ方面からの幹線道路脇をブラブラと歩きつつ隠し撮りの隙を狙ってみた。沿道のカフェに入ってみたが、客が少ないので、店内の人に気づかれずに撮影することは難しそうである。だからといって、オープンテラスの席では、確実に兵士に気づかれてしまう。

カフェから出て歩道の芝生に座り込んでみた。そんなことをしていると、左手方向から連邦軍のトラック四台がこちらに向かって来るではないか。ズームレンズを広角にし、カメラのスイッチがONになっているのを確認する。緊張の一瞬である。レンズを斜め上に向けてトラック部隊を凝視する。

だが、私がポツリと座っている場所はあまりにも目立ち過ぎたのであろう。トラックの荷台前部で警戒に就いていた兵士二人が、かなり真剣な目つきで私のほうを見つめる。これでは、ジャケットの下のカメラを出すこともできない。そして、一台目が目の前を通過。通過したトラックを後方から撮ろうとも考えたが、荷台上の兵士たちがしっかりと監視していた。

トラックの後ろにはフランス製の一二〇ミリ迫撃砲が牽引されていた。「これは、良いシャッターチャンスを逃した！」と後悔。私の座っていた位置はあまりにも道路に近すぎて、通過していくトラックの荷台に乗っている兵士全員の視線を浴びてしまうのだ。金縛り状態である。「シャッターを押したい」という欲望を押さえて、通過していく四台のトラックを見送るしかなかった。こんなところで隠し撮りをしてバレたら、確実に身柄を拘束されて、ホテルに置いてあるフィルムも没収されるであろう。

至近距離からの隠し撮りは難しすぎることがわかったので、幹線道路を見下ろせるビルを見つけては、三〜四階に上って撮影できるかどうかを確認してみた。そうしたら、なかなか良い位置にあるビルの四階が改装工事中で、誰もいないスペースになっていた。迷わず、この場所に決めた。カメラ機材をすべて持ち込んで、急いで待ち伏せの態勢を整える。

八〇〜二〇〇ミリの望遠ズームに二倍テレプラスを装着して、焦点距離四〇〇ミリまでズームアップできるようにする。しかし、テレプラスによってF値が二段落ちるので、F値は開放で八と、かなり暗くなってしまう。シャッタースピードが六〇分の一秒より遅くなるので、手ブレを押さえるのに注意が必要だ。

隠し撮りで捉えたユーゴスラビア連邦軍。

兵士の写真はすべて隠し撮りにするしかなかった。

撮る方向を二方向ほど決めて、カメラを構え、撮影姿勢を何度も繰り返し、最も安定させられる姿勢を身につける。撮影の位置としては、できる限り部屋の奥のほうに立つ。カメラのレンズは、窓の縁より外に出てはいけない。ビルの位置は、道路側（軍の車両が通る側）から見て、逆光になる位置が良いのだが、これは太陽の方角によって違ってくるので、太陽光線が窓に当たる時間帯には一度外へ出て、自分の撮影場所がどれくらい目立つかを確認しておく。ビルの形状や色などのせいで、意外なほど目立つ可能性もあるからだ。私が使おうとしていた建物はやや濃いグレーのビルで、窓枠なども地味なデザインだったので、車上の人からは、それほど目を引かないと思われた。

こうして撮影ポジションについたら、装甲車や軍用トラックが通るたびにシャッターを押すことを

町中へ展開していくセルビア治安警察部隊（隠し撮り）。

アルバニア人が治安警察に逮捕される（隠し撮り）。

繰り返す。戦車などの大物が現れた場合に備えて体を慣らすのだ。そして、この間にシャッタースピードや距離の勘も掴んでおく。待ち伏せのポイントを決めたら、できる限り外を出歩かないことも大事だ。この時期にコソボの田舎で外国人がウロウロしていれば、間違いなくジャーナリストだと思われるので、あまり自分の存在が目立たないほうがよい。暇な警官に「さっきウロウロしていた日本人はどこにいるんだろう」などという疑問を起こさせないためである。

装甲車部隊が来た！

だが困ったことに、窓の外を眺めているうちに日没となり、徐々に暗くなってしまった。F値は開放で八。ファインダーを覗いて露出計で調整すると、シャッタースピードは一五分の一秒よりスローにしなければならない。四〇〇ミリの望遠では、手ブレは止められない。「これ以上暗くなったら撮影できないから、今日はそろそろ帰ろうかな」と思った矢先、キャタピラ式の装甲車か戦車としか思えない「ガガガガーン」というバカでかいエンジン音が轟いてきた。音の聞こえてくる方向を見ると、BVP‐M80装甲兵員輸送車（戦闘兵車）が来る。

「来た！」と思うと、いきなり緊張で体が熱くなり、カメラを握る掌にジワッと汗がにじみ出る。「落ち着け、落ち着け」と自分に言い聞かせつつ、フィルムの残り枚数を確認して、ファインダーを覗く。まず、指揮官車らしきジープが先頭を行く。交差点を曲がるところがシャッターチャンスである。気分は、携帯式対戦車ロケット砲での待ち伏せだ。

息を止めて、手ブレしないように神経を統一してシャッターを切る。そうしたら、素早くカメラを顔の前から離して、両目で全体を見渡して、呑気な見物人のふりをする。車上の兵士たちは、私のほうにまったく気づいていない。再び、ファインダーを覗き込んでシャッターを切る。続けざまに三枚。そしてまた、カメラを顔の前から離す。

続いて、BVP‐M80戦闘兵車が二台来た。ズームレンズをワイド側にしてみたが、二台を一枚の写真に写し込むことはできない。装甲車と装甲車の間隔は三〇メートルくらいは空いている。さらに後ろから、兵士を満載したトラックが二台続いた。ヘルメットには偽装を施している。続けてシャッターを押した。荷台の兵士の視線が気になるので、素早くカメラを顔から外す。なにげなく、窓から外を眺めている素振りをしてみたりする。

この間わずか一〇秒ほどだっただろうか。「よし！　ジャコビッツァの街中での最高の一瞬を撮った！」という気持ちに胸をなでおろしたが、すべての撮影が終わってから、なぜか体が緊張でプルプル震えてきた。撮っている間は、なんとか気力で体の震えを押さえていたのだが、緊張の糸が切れたらもう足元までガクガクである。

撮影を終えたら急いで撤収である。撮影済みのフィルムはカメラから抜き取って、腹巻きにしまい込む。新しいフィルムを装填しておいて、カメラはボディとレンズを外し、バラバラにジャケットのポケットに突っ込む。部屋の中に忘れ物がないのを確認して、そそくさと階段を降りて外に出た。ホテルの自室に戻り、カメラやフィルムをリュックサックの底にしまい込む。

そして、手ぶらの状態で再びホテルを出て、近くのレストランへ入り、ちょっと豪華な食事を注文して、何もなかったかのようにする。隠し撮りなど逮捕される危険のあることをやったあとは神経が高ぶってるので、その雰囲気が態度に出ないようにするには悠然と食事を摂るのが最も手っ取り早い

ユーゴスラビア連邦軍のBVP-M80装甲兵員輸送車（隠し撮り）。

のだ。このときの装甲車部隊は、アルバニアとの国境へ増派された部隊であることが、翌日の新聞でわかった。

取材規制の厳しい中で、このように隠し撮りをして逃げるような行動をしていると、自然と「セルビア＝自分にとっての敵」という意識が芽生えていることに気づいた。私のように、どちらかというとセルビア贔屓の人間でもそう感じてしまうのだから、セルビア人のメディア対応が反セルビア的国際世論を広めてしまうのは当然の結果なのだろう。

ＮＡＴＯ空爆の序曲

戦闘はほとんど沈静化し平和が戻りつつあるコソボだったが、九月二九日には、アルバニア人約三〇人の死体が発見された。それまでにセルビア人七〇人以上の死体が発見されても大したニュースになっていなかったこともあり、この死体発見のニュースをあまり気に止めていなかった。しかし同じ死体でも、それがアルバニア人であれば大ニュースなのである。この点を当時の私はまだわかっていなかった。

「待っていました」とばかりに、米国のコーエン国防長官は「ＮＡＴＯ（北大西洋条約機構）の空爆目標はコソボに限らずユーゴスラビア全土に及ぶこと、空爆の目的はコソボ紛争の解決ではなくユーゴスラビアを叩くこと」と明言し、四三〇機の出撃態勢を整えて一〇月一三日に最後通告を突き付けた。ＫＬＡは、セルビア側に協力的なアルバニア人を殺すこともあったから、セルビア側が殺したという証拠があるわけでもない。また過去の死体であるにもかかわらず、現在もなお虐殺が続いているがごとくのニュースは一気にトーンを上げて、「セルビアを叩け」との論調は盛り上がった。

仕方なく一〇月二六日に、最後通告に従ってユーゴスラビアは連邦軍と治安警察を撤退させる。すると、入れ替わるようにＫＬＡのゲリラ兵士たちが現れた。

一二月になると、ＫＬＡの武器には新品のロケット砲なども数多く含まれていて、この時期に外国からたくさんの武器を援助されたことは明らかになった。クロアチアからの武器だという説が多かったが、このような動きもニュースには繋がらなかった。そして、武器支援を受けたＫＬＡがコソボで勢力を拡大してきたことに応じて、セルビア側も応戦せざるをえなくなり、コソボの戦闘は再開され、コソボの停戦合意は破られることになる。

これで米国は、再びユーゴスラビアを攻撃する口実を得ることができ、停戦を破ったユーゴスラビアに対して、さらに厳しい要求を突き付けた。それは、首都ベオグラードへも米軍を進駐させるという内容であり、ほとんどユーゴスラビアの国家解体に近かった。当然ながら、ユーゴスラビア政府はその通告を一蹴。そして、三月二四日から米軍主体のＮＡＴＯ軍による大空爆作戦が実施されることになる。

沈静化していて安定と復興に向かっていたコソボだったが、セルビア圧勝の下に良い結果となるのは、ＮＡＴＯとしては不本意だったのだろう。セルビア人は悪者でアルバニア人が被害者、そして米国主導のＮＡＴＯが悪者をやっつける正義の味方という形で終わらせたかったということである。

2 NATO空爆の舞台裏

一九九九年四月二四日、私は、なんとかユーゴスラビア警察の監視の目をごまかして空爆下の首都ベオグラードにたどり着いた。空爆開始とほとんど同時に、ユーゴスラビア政府は外国人メディアの入国を禁止し、厳しい取材規制を敷いたわけだが、こういう点でも、ユーゴスラビアのメディア対応の下手さが表れている。空爆による被害を自由に取材させ、空爆によって外国人ジャーナリストが戦死していくほうが反米論調、ユーゴスラビアへの同情論がつくれると思う。

米軍を中心としたNATO軍によるユーゴスラビア全土に及ぶ空爆は、「1コソボ紛争再燃の真実」で述べたように、ユーゴスラビア国内のコソボ自治州における、セルビア人によるアルバニア人弾圧に対応したとの理由で行われていた。しかし、私がベオグラード入りした日の前夜四月二三日には、RTS(ラジオ・テレビ・セルビア)のビルが攻撃され、その二日前には、ビジネスセンタービルが炎上していた。

民間の施設や人々が戦争遂行のうえで重要な役割を果たすことは多いので、民間施設が攻撃されることをとくに非難するつもりなどない。しかし、コソボ自治州のアルバニア人を助ける目的でこれらの民間施設が攻撃されるのはかなり筋が違うような気がした。

空爆地点の緊張

「ウー、ウー、ウー」と一定間隔でとぎれるサイレンは空襲警報の発令、「ウー」と連続するフラットな音は、空襲警報の解除である。

四月二九日の夜は、午後九時過ぎに空襲警報が発令された。そして午後一〇時四〇分、ベオグラード南西方向の郊外から対空機関砲の射撃が始まり、砲弾が空中爆発する。対空射撃では、あらかじめセットした高度まで撃ち上げられた砲弾が爆発して破片を周囲にばら撒くのだ。連射される機関砲弾は、数発に一発の割合で光を放ちながら飛ぶ曳光弾を混ぜてあるので、これが夜空に赤い光を描く。射撃手が射撃方向を目で確認できるよう曳光弾を入れてあるのだ。

ビジネスセンタービルにトマホーク巡航ミサイルが命中した弾痕。

ドナウ川に架かる橋では、空爆を阻止するための人間の鎖コンサートが行われていた。

首都ベオグラードへの空爆は夜間のみだった。対空砲火の「花火」が上がる。

射撃してから二秒前後で砲弾が空中爆発していることから、一〇〇〇メートル程度の低い高度に照準を合わせていることがわかる。夜空でピカピカッと光る空中爆発から四秒ほど遅れて「ポポポポポポン」という空中爆発の音が聞こえる。音速が毎秒約三四〇メートルであることから考えて、やはり高度は約一〇〇〇メートルではないかと推定できる。これほどの低空で米軍機が首都ベオグラードへ進入してくるとは思えないので、トマホーク巡航ミサイルの接近をレーダーでキャッチしての射撃なのだろう。

ベオグラードは他の地域に比べて、それほど空爆が多いほうではないが、それでも、四月二六、二七、二八日と連夜続き、この日で四日連続になった。対空砲火の射撃は五〇分間ほど続いたが、巡航ミサイルが飛来した様子はない。そして静寂に包まれた。

日は変わって、四月三〇日の午前二時過ぎから再び対空砲火が火を吹いた。今度は近い。私のいた場所から三〇〇メートルほどの位置からも「ドドドドドドン……」という射撃音。市街地のど真ん中である。曳光弾も数発上がる。「ドウンドウン」と市街地の真上で砲弾が空中爆発して破片を撒き散らす。それまで、のん気に公園で対空砲火の見物をしていた人々も、上空から破片が落ちてくることを恐れて近くの建物の中にワラワラと駆け込む。

そして、午前二時二五分、その市街中心部からの対空砲火と南西郊外の砲火が上空の一点に集中した。撃ってる兵士たちの表情がわかるわけはないのだが、その火線から緊張が伝わってくる。直後に「ジュオーッ」という夜空を切り裂く唸り。「ドン、バキーン」という爆発音。対空機関砲が吠えていたあたりから赤茶色の煙が上がっていた。一瞬の爆発音のあと、すぐにまた静寂に包まれる。耳を澄ましてみたが、上空から飛行機のエンジン音は聞こえない。「ジュオーッ」という飛翔音が聞こえたこと合わせて、爆弾ではなく巡航ミサイルだろう。

ユーゴスラビア空爆における過去の記録を見てみると、米軍の空爆は、同一の目標に数分間隔で二〜三発をたて続けに撃ち込むことが多いので、一〇分ほど待ってから現場へ向かった。小走りに五分ほど行くと煙が立ちこめてきた。その先の交差点に出ると、右手が煙に包まれていたが炎は上がっていない。しかも、周囲に人はまったくいない。

その煙の方向へゆっくりと歩いた。すると、再び上空から「ジャーッ、ジュオーッ」という轟音だ。電車の走る音が空から聞こえてくるような感覚である。「しまった、一五分以上も間隔をおいてからもう一発来ることもあったのか！」と自分の判断の甘さを悟った。路肩に停めてある車の陰に滑り込むように伏せた瞬間、「ダダーン、バキーッ」と「ドーン」の混じったような爆発音。破片や石などは飛んでこない。爆風も衝撃波もそれほど強くないのだが、数メートル先のショーウィンドウは割れて吹き飛んだ。道路に停めてある車の盗難警報が、「ピーポーピーポーウー」と一斉に鳴り始める。盗難警報は、車を揺らすと鳴るようになっているので、ちょっとした爆風や地響きで鳴りだすのだ。

爆煙は、前方五〇〜八〇メートルほどの建物から上がっている。ビルの中で爆発したため、近い割には爆風と衝撃波が大したことはなかったのだろう。立ち上がって車の陰から顔を出した瞬間に、「ジュオーッ」という三発目だ。その着弾は、一つ奥のビルで、私のいる場所から一〇〇メートルほど離れていた。二発目のミサイルから数十メートル離れているだけでも、爆発音はかなり小さく聞こえた。

ハイテク兵器による攻撃を経験したのは初めてである。これほど正確に同一地点に、しかも間隔を空けて何発も撃ち込まれるのでは、着弾地点周辺でウロウロして写真など撮っていられない。その場

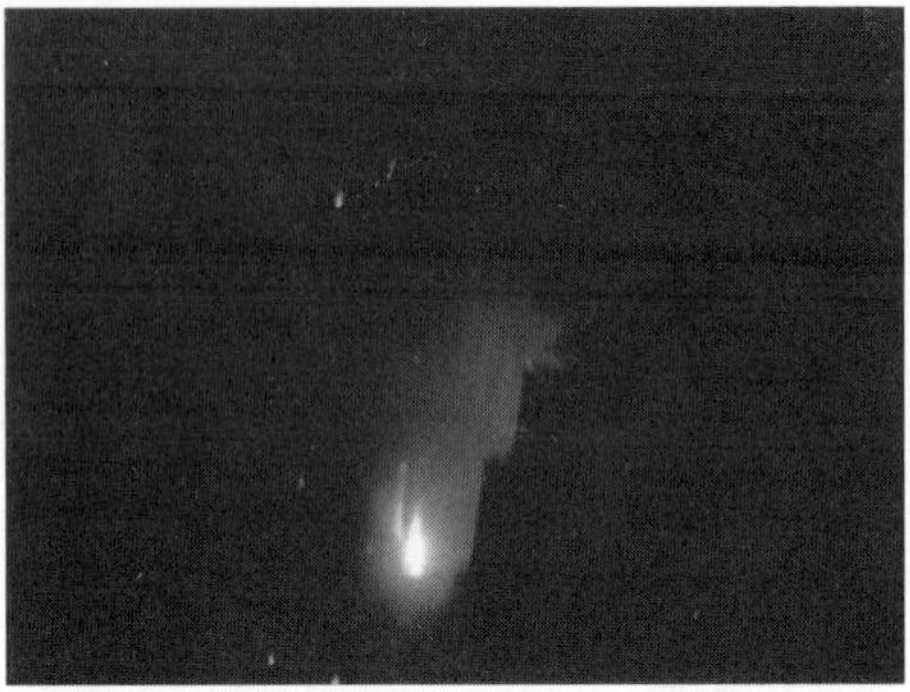

参謀本部ビルに命中の瞬間。

参謀本部ビルに救援にかけつけたレスキュー隊が第２波攻撃の犠牲になった。

から二枚ほど撮影して、すぐに逃げることにした。そのとき後ろから、私服警官にいきなり取り押さえられてしまった。

「プレスカード」と言われたので、ユーゴスラビア連邦軍発行のプレスカードを提示すると、それを奪い取られ、さらにカメラも力ずくで略奪されてしまった。

カメラとプレスカードを奪ってパトカーに乗り込む警官の腕をつかんで、閉めようとするドアの隙間に足を入れて抵抗したが、警官は、そのままパトカーを発進させて逃げ去ってしまった。銃を持っている相手にとことん抵抗するわけにはいかないので諦めたが、空爆地点に一番乗りで来た興奮も一気に冷めて敗北感のどん底に落とされた。だいたい、自分の後ろに誰がいるかも確認せずにカメラを構えるなどという不注意をしてしまったことが悔やまれる。去年のコソボ取材では、このようなトンマなことは絶対しなかったのに。首都ベオグラードの中であるということで気が緩んでいたようだ。

二〜三分すると、負傷者たちが運ばれてきた。一発目の着弾のときには建物の中は無人だったので犠牲者は出ていないようだが、その約一〇分後に現場に捜索に入ったレスキュー隊が二発目と三発目でやられてしまったのだ。死者はなかったが、三七人の重傷者を出していた。一五分の間隔をおいて二発目を撃ち込む点を考えると、レスキュー隊狙いということだったのだろうか。

現場に来ていた警官に聞いてみると、攻撃されたのは連邦軍参謀本部ビルだという。軍事施設だと知らずに近づいたことが大失敗だった。そして、現場に到着するのが速すぎたため、交通封鎖が行われる前に現場に入ってしまい、先刻のパトカーの警官にやられたのだろうと説明してくれた。確かに警官の立場としては、軍施設が攻撃されたその現場へ急行したら、そこで、車の陰から写真を撮っている外国人がいたというのでは、見逃すわけにはいかなかったのだろう。戦地で捕まらないように行動するには、捕まえる側の心理や立場に自分を置いてみないと、今回のような失敗をしてしまう。

カメラ一台と広角レンズを奪われてしまったので、八〇〜二〇〇ミリの望遠ズームと隠し撮り用のポケットカメラだけでの撮影にせざるをえない。プレスカードもなくなってしまったので、翌日からは、街中もやたらと歩かないようにし、近いところへの移動でもタクシーを使うようにする。

中国大使館攻撃の瞬間を見た

五月七日の夜は、ベオグラードに対する開戦以来最大規模の空爆となった。まず、午後九時一〇分に北西郊外の発電所が爆撃された。この瞬間をホテルの最上階から見ていたが、地平線の彼方で突然火の玉が輝いたと思った瞬間に、夜空がその火の玉で明るく照らし出されて、火の玉がちょっと上空へ浮いた。そして直後にベオグラード全市は停電で真っ暗闇に包まれた。距離が遠かったため爆発音は聞こえていない。それから、約一時間に一七発がベオグラード市内に着弾することになる。

一時間で一七発というのは、ハイテク空爆としては集中度の高いほうになるが、「大空爆＝焼け野原」をイメージしがちな日本人の感覚からすると、近代戦の空爆は非常に閑散としている。二四時間開店している店の前で雑談している若者が逃げるわけでもなく、逆に空爆を見るために公園に人が集まってきている。市内の交通量が減るわけでもなく、二時間後の午後一一時二六分には電気は復活した。

しかし、空爆と対空砲火の緊張はそのままで、午後一一時四五分、再び、参謀本部ビルに二発が命中し爆発した。「バキーッ」と「ダーン」という音に「ダダーン」というわずかにズレた二発の爆発音だ。四月三〇日の爆発よりも明らかに強く、爆風と震動を感じた。

そして数秒以内に、ちょうど私が立っていた正面方向に火柱が二つ上がった。二〜三キロメートルよりは近い位置だ。参謀本部ビルでの爆発と正面の火柱は完全に同時ではないが、数秒しかズレていない同時攻撃である。ユーゴスラビア軍の対空射撃は、この空爆に対しては行われていない。

爆発音が轟いた直後には、再び静寂に包まれる。この一瞬の大音響と火の上がる光景、その数秒後には静かな夜の光景が交錯するのがハイテク空爆をされる側の現実である。静寂に包まれたところで耳を澄ましてみると、上空からは「ゴーウ、ゴーウ、ゴーウ」という爆音がかすかに聞こえる。明らかに飛行機のエンジン音である。ユーゴスラビア軍の対空砲火が射撃するわけではない。おそらく、新型のステルス爆撃機B‐2なのだろう。レーダーで探知できないから、対空射撃もできないのだろう。そう考えると、最新鋭兵器による攻撃現場を目撃できた興奮を感じてしまう。後日の米軍の発表で、この攻撃をしたのは、やはりステルス爆撃機B‐2であることが判明する。

火柱を確認してからしばらく静寂が続いたが、四〇分ほどして警察から電話がホテルに入り、「中国大使館が空爆された。ジャーナリストに取材を許可する」という伝言が伝えられた。メディア関係者が宿泊していそうなすべてのホテルに、警察が電話連絡を入れたようである。あわてて、カメラを準備してタクシーで出かける。もう一台の一眼レフカメラをまた警察に奪われたらポケットカメラだけになってしまうので、カメラは慎重に隠して持ち出す。

現場を確認してわかったが、火柱が二つ上がった光景は、中国大使館が攻撃された瞬間だったのである。大使館周辺では、消防車による救助活動が続けられていて、取材規制のようなものはなかったが、一週間前にプレスカードを失っている身としては、どうしても落ち着かない。中国大使館の隣にあるユーゴスラビアホテルのロビーのほうをウロウロしながらも、落ち着かないので、やはり現場を立ち去ることにした。

ホテルに戻って最上階に上がると、「フーン、フーン」と飛翔音が二つ。東から南方向へ飛んだ感じだったのでカメラを南側へ向ける。火の粉が飛び散った。続いて「ダダーン、バーン、ダーンッ」と三連続した爆発音。また参謀本部ビルだ。午前一時五五分のことである。

翌日わかったことだが、この参謀本部ビル攻撃とほぼ同時に、その二〇分前まで私がウロウロしていたユーゴスラビアホテルのロビーも命中弾を受け、ジャーナリスト一名が死亡し十数人が重傷を負っていた。一週間前にも時間差攻撃によってレスキュー隊を攻撃したように、米軍の攻撃は、空爆地点

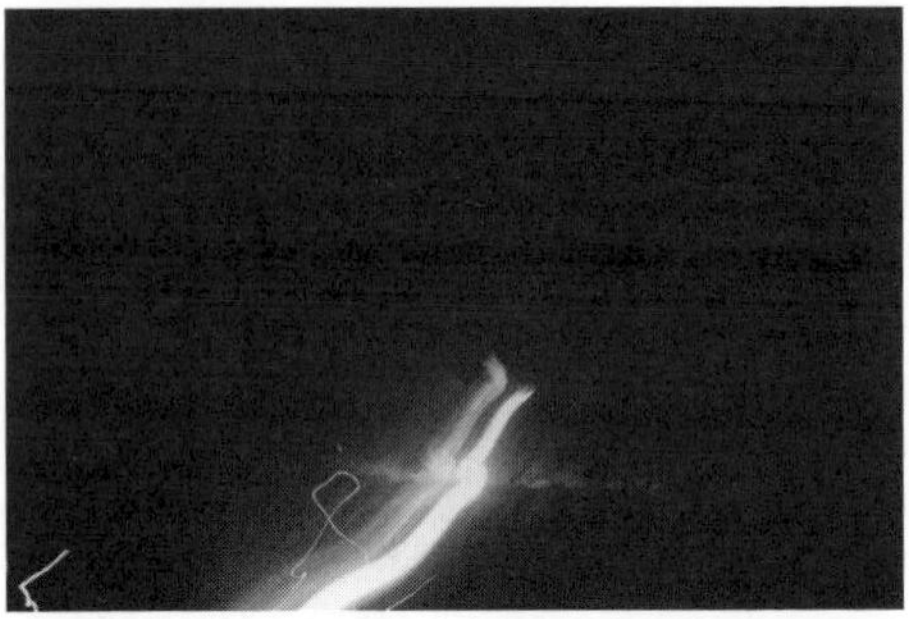
中国大使館に命中の瞬間。

空爆され炎上する中国大使館。

中国大使館での救助活動が始まる。

周辺に群がる人々を狙っているようにもみえる。「レスキュー隊を狙うなんて非人道的だ」という意見も強いと思うが、空爆地点に人々が近づいて検証することを嫌っているのだとしたら、有効な警告になっている。

中国大使館攻撃については、誤爆説を唱える人もいたが、現場を見る限りそれは考えづらい。参謀本部や内務省ビルなど他の施設に使われた巡航ミサイルよりも、破壊力が格段に高い誘導爆弾が四発同時に叩き込まれていることから、米軍は重要施設の攻撃という意識を持っていたはずである。投入された飛行機は、最新鋭のB - 2ステルス機で、その機密保持のために海外の基地からの発着はせず、米本土から二〇時間以上に及ぶノンストップフライトを行っている。つまり、かなりの重要作戦だったわけで、誤爆とは考えづらい。

もう一つの理由は、当時ベオグラードでは、三月下旬に撃墜された米軍F-117ステルス戦闘機（B-2に比べると小型）のエンジンが中国大使館に隠されていたとの噂が出回っていたことである。この噂について在ベオグラードの日本大使館員に聞いてみたところ、「噂だけなら、確かにありました」とのことである。

B-2が一機で中国大使館と参謀本部を同時攻撃したと思われるが、これは、一機での多目標への同時攻撃を実験したのではないだろうか。何度にも及ぶ攻撃で廃墟になっている参謀本部に攻撃を繰り返す点から、兵器実験のイメージが拭いきれない。

約八〇日間に及ぶ連続空爆で、ユーゴスラビア政府はコソボ自治州からの撤退など、米国側の言い分を受け入れることになる。ユーゴスラビア連邦軍とセルビア警察の撤退に続いて空爆中に隣国アルバニアへ逃げていた避難民がコソボに帰還するようになったが、これらの難民は、NATOが空爆を開始する前には避難民として逃げる必要のなかった人たちである。軍・警察などのセルビア勢力を撤退させて避難民を帰還させることで、「NATO空爆のおかげでコソボを解放」というイメージをピーアールしたが、セルビア勢力がKLA（コソボ解放軍）を殲滅してコソボを安定化させていた一九九八年秋の状態よりも不安定で治安も悪化してしまった。

米国の目的は、米軍の軍事力行使がいかに効果的で世のため人のために役立っているかというイメージを世界に広めることである。コソボ介入のきっかけとなった、一九九八年二〜九月のコソボ紛争での死者は約七〇〇人と言われている。一方、米軍の空爆による死者の数は明確にはされていないが、アルバニア系避難民の車の列に対する空爆では、一回の攻撃で八〇人近くが死亡したものもある。一〇〇万人に近いともいわれる空爆中の避難民発生のことなど合わせて比べてみると、米軍のほうがセルビア人よりもコソボの人々に大きな危害を加えていることになる。

その代償ということになるのだろうか、米国は大規模な経済援助などを行っている。コソボに経済援助をするために八〇日間の空爆が必要だったとは思えないが、「必要だった」と世界を説得することができれば、今後も米国が軍事力を一方的に行使する理由づけになる。

そして、二年後の二〇〇一年にはアフガニスタンへの空爆を決行し、その後に膨大な経済援助を投じている。

ボスニア空爆開始への道のり

終わりかけて安定に向かっている紛争に、最後のところで空爆をもって介入し、米国の軍事力の有用性をピーアールするという手法は、実はボスニア戦争でのセルビア人勢力に対しても行われていた。

ボスニア戦争は、一九九二年四月の勃発当初にセルビア人勢力による攻勢が始まり、虐殺や強制移住などが大々的に報道されるようになった。私は、一九九二年九月にボスニアに入ったわけだが、この頃は、各地の戦線もかなり落ち着きが見られるようになっていた。セルビア人勢力に包囲されているサラエボにはフランス軍を主力とした国連防護軍が入るようになり、一〇月下旬には、ボスニアのかなり広い範囲に国連防護軍が展開するようになって、各民族の勢力範囲も固定し始めていた。

一九九三年には、セルビア人勢力による蛮行よりも、ボスニア人（ボスニアに住むイスラム教徒）とクロアチア人による虐殺などの行為がエスカレートしていく。そして、一九九四年二月には、サラエボを包囲するセルビア軍の重火器を撤退させるなど、和平に向けてかなりの進展があった。

一九九四年三月、私は、最も不安定要因が多く戦略的にも重要なボスニア北東部ブルチコ戦線へ行ってみた。一九九二年一〇～一二月にも、ブルチコ戦線の取材はしたことがあった。このときはセルビア人勢力の持つ唯一の補給路を巡って、クロアチア軍とボスニア軍が挟み撃ちの攻撃をかけ、それに対してセルビア軍が反撃するという戦況が二カ月以上にもわたって続いていて、ついにセルビア軍がこのブルチコ回廊を補給ラインとして確保したのである。

ブルチコでは、幅約四キロメートルの回廊がセルビア人支配地域になっていて、ここの補給を断ち

戦略の要衝ブルチコを守るセルビア兵部隊。

切られたら、ボスニアのセルビア人地域の半分以上が孤立することになる。そのため、守るセルビア側も攻めるボスニア、クロアチア側も必死になっていた戦線だが、一九九二年のような緊張感はなくなっていた。セルビア軍の指揮官クラスも、「ブルチコ戦線がこれほど落ち着いているということは、ボスニアの全戦線が沈静化しているということです」と述べていた。

視察にきたセルビア軍トップのモリム・ターリッチ中将は、「わがセルビア軍はボスニア全土の約七四パーセントを確保していて、ここブルチコの回廊も確保している。これは、勝利と見て終戦交渉を締結してもよい成果である。軍事的にセルビアは十分に頑張った。あとは、政治の話だ。戦争はもうほとんど終わっている」と演説している。

しかし、その数週間後、四月上旬に、ボスニア東部のゴラジュデという町で戦闘が激化した。ゴラジュデはセルビア人勢力に包囲されていたが、包囲下のボスニア人が武器を持たないという条件のもとに、セルビア軍も攻撃をやめていて、停戦が成立していた。サラエボ、ゴラジュデ、スレブレニッツァ、ゼパ、ビハッチなどセルビア人勢力の包囲下に点々と残ってしまったボスニア人の町は、国連安全指定地域として、地域ごとに停戦が成立していたのである。だが、この状態をそのまま受け入れていると、ボスニア人側は劣勢のままになるため、この停戦エリアでしばしば戦闘を起こしていた。ゴラジュデの戦闘では、最初に攻撃を仕掛けたのはボスニア側であることは国連も認めている。

だが世界の世論は、セルビア人が悪者でボスニア人はかわいそうということに決まっていたので、戦闘を起こしてしまえば、たいがいはセルビア人悪者論にもっていける状況だった。だから、ボスニア人の指導部は終戦を望まなかった。ゴラジュデの戦闘が激化すると、武器を持っていてはいけないはずのボスニア人が武装していたことは問題にされず、セルビア軍だけが国際世論の非難を浴びた。

そして、四月一〇日、米（ＮＡＴＯ）軍機による空爆が決行される。当然、爆弾はセルビア人の頭上だけに降り注いでいた。

空爆こそが紛争解決という論理

一九九四年中は、各地の戦線で激戦が行われたり、戦況が大きく変わるなどの動きはなかった。和平交渉の日程が決まると、軍事的に劣勢なボスニア側が攻撃を仕掛けて戦闘を起こし、「セルビア側が攻撃してくること」を理由に交渉に強硬に臨んで有利に持ち込もうとすることの繰り返しだった。現地のニュースでボスニア側の非道が報道されても、国際世論は「セルビア悪者論」を変えようとはしなかったので、ボスニア政府側は、この手を使い続けることになったのだ。

二月にサラエボの市場が砲撃されて二〇〇人近くが死傷した事件では、セルビア軍が迫撃砲攻撃したことになっているが、国連防護軍の監視要員によると、「迫撃砲で、あれほどピンポイントで初弾で命中させるのは困難。ボスニア側の自作自演の可能性が高い」とのことである。つまり、ボスニア側は自作自演で味方の市民を殺害しても、その犯罪行為は黙殺され、さらに、国際世界に同情してもらえるという有利な立場にあった。

一九九五年に入ると、五月一～二日に、クロアチア軍がクロアチア領内のセルビア人地域西スラボニア地方に停戦を破って侵攻した。続いて六月にはボスニア軍がサラエボでセルビア軍に対して攻撃を開始するが、とくに戦況の変化はもたらさない。一方、七月一一日にセルビア軍は国連安全指定地域のスレブレニッツァを、二五日にはゼパを占領。そして八月四～七日には、クロアチア軍が再び、

1994年３月、ボスニア戦争はほぼ終結しセルビア戦車は子どもたちの遊び場になっていた。しかし、その２週間後、セルビア人の頭上に米（NATO）軍の爆弾が降ることになる。

セルビア人居住地域のクライナ地方へ奇襲侵攻した。クロアチア軍のこの攻勢は「嵐作戦」と呼ばれ、一四万人の兵力をもって侵攻、一五万人以上のセルビア人が避難民となって隣国のボスニアへ脱出している。つまり、この三カ月間は、大荒れに荒れた時期なのだが、やられているのがセルビア側だから、米軍による空爆は決行されていない。

そして、八月二八日に、セルビア軍の数発の砲撃によりサラエボ市民三八人の命が奪われると、米（NATO）軍による大規模空爆の決行は速かった。翌々日八月三〇日から九月一四日までの間に、約三二〇〇回の出撃を数える大規模空爆作戦がボスニアのセルビア人勢力地域全体に行われた。

これらの流れから、現地軍が本当に激戦を繰り広げ、犠牲者が増え続けているときには、米国は軍事介入をせず、セルビア軍が敗走し始め、別に米軍が出てこなくても結果が出ているような事態になって初めて大規模空爆に踏み切っていることがわかる。こうして、「ボスニア和平は、米（NATO）軍の大規模空爆作戦があったからこそ成立した」ということをアピールしていくことができたといえるだろう。

　クロアチア戦争が勃発した一九九一年から国連防護軍として自国兵士を送り出し戦死者もたくさん出しているヨーロッパの国々のやっていることに比べると、米国のやったことは、一九九一〜一九九三年頃の最も苦しい場面では出てこないで、セルビアの敗走で結果がほぼ完全に出てから、最後に空爆という派手なショーを見せつけたのである。そして、いかにも、米国の軍事力のおかげで和平が樹

貨車で移動するボスニア人たち。ボスニア人はメディア戦争に勝利し、世界の同情を買うことに成功した。

立されたように見せかけた。

セルビア人、ボスニア人、クロアチア人の各勢力による和平交渉が成立すると、一九九五年一二月一〇日に、ＩＦＯＲ（平和実行軍）がボスニアに展開し始める。総兵力は二八カ国から約六万人、そのうち米軍は最大兵力の約二万人を投入する。最後の土壇場で、和平成立の功績は米国のもののようになり、平和実行軍の主導権も手にしてしまったのだ。

こうはいっても、別に米国のやり方を批判するつもりはない。というのは、米国の政策として、米国が有利になるためになすべきことをするのは当然のことであり、大国だからといって、自国のことよりも外国の利益を優先してくれるわけではないからである。たとえば日本政府が、外国の利益を優先して日本に不利な政策を採れば国民は不満だろう。そのことを理解して、過剰な期待をせずに米国を見ていかなければ、常に米国の思惑に翻弄されることになってしまう。

3　脚光を浴びない戦争

二〇〇一年一〇月七日に米英軍がアフガニスタン攻撃を開始したことによって、それまで見捨てられた紛争国であったアフガニスタンが国際的な脚光を浴びた。その後の報道量の多さ、外国からの経済援助、支援に入るＮＧＯ等の数や規模から見ると、米国に目をかけてもらったおかげで潤った面は大きい。

米軍の攻撃で直接被害を受けた人々から見れば、「米国の介入はけしからん」ということになる。しかし、そうではないアフガニスタン人の立場としては、それまで自国民同士の戦争でいかなる犠牲が出ても、国際社会から関心も援助もなかなか引き出せなかったものが、米軍の爆弾で被害が出たとなれば、何か貰えるかもしれないという気持ちはあるようだ。反米ではあっても米国に期待したくなる、これは、米国だけが持つ「ブランド」のイメージのおかげだろう。

一方、米国が関心を示さないために、どれほど悲惨な事態になっても、新聞の片隅に数行の記事として載るだけの紛争は世界にたくさんある。そんな中で、日本では関心を示す人がまあまあ多いと思われるのはチェチェン戦争であろう。当然ながら、アフリカなども細かくみていけば、チェチェンよりも悲惨で無視され続けている地域はあるのだが、私が現地取材をしたことがあるのはチェチェンなので、ここでは、チェチェンについて述べてみたい。

孤立無縁のチェチェン

一九九四年一二月から始まった第一次チェチェン戦争では、外国のメディアもチェチェン入りして取材することができたこともあり、ロシア側も、国際社会やチェチェン側の意見を意識しながらの戦争だった。とはいっても、チェチェンを援助したり独立を公然と支持する国が出てくるわけではなく、実質的には孤立無援の戦いに近かった。それにもかかわらず、大国ロシアをチェチェン領内から撤退させてしまった、その抵抗はすさまじいものだったといってもよいだろう。

しかし、一九九九年秋から勃発した第二次チェチェン戦争では、チェチェン側の言い分は、ほとんど海外に届かない状態で行われている。一九九九年中は、チェチェンの南隣にあるグルジアから車でカフカス山脈を越えてチェチェン入りするルートが使えたが、二〇〇〇年に入ると、そのルートがロシア軍に押さえられたうえに、厳冬の厳しい雪のためにほとんど封鎖されてしまった。

私は、二〇〇〇年一月にグルジアのパンキシ渓谷から雪のカフカス山脈を越えようと、冬山装備を着込んで待機してみたものの越えられなかった。チェチェンのマスハードフ大統領の側近である警護隊副司令官をしていたムッサー・ハングシュイリという戦士の家に寝泊まりして、カフカスの山越えをする部隊がいたら同行しようと探していたのだが、「雪が深い冬はダメだ。誰も行かない」との答しか得られなかったのである。

同じ時期に、山越えをしなくてよいルートからということで、ロシア国内のイングーシからチェチェン入りをしようとしていたジャーナリストの常岡浩介氏と写真家の村田信一氏も、チェチェン入りの難しさを味わっていた。ロシア軍の検問を地元協力者の支援によって越えようとしたのだが、検問の数が多いことやチェックの厳しさが増しているため、協力者もびびってしまったという。グルジアからの山越えは雪という天然障害のために難しくなっていて、ロシア側からのルートは徹底した検問と監視という人為的な障害で封鎖されていた。

春になって雪がなくなればカフカスの山を越えられるということで、常岡氏は、再びチェチェン入りにトライするためグルジアのパンキシ渓谷で待機した。しかし、結果から言ってしまうと、七カ月間も待機してみたにもかかわらず、チェチェンへ山越えする部隊とは出会えず、目的は果たせていない。これらのことから、いかにチェチェンが外部と遮断されているかがわかるであろう。

ロシア軍の空爆で炎上するチェチェンの首都グロズヌイ。

グルジア国内、チェチェン人村があるパンキシ渓谷は雪景色だった。

元ゲリラ戦士たちは、パンキシ渓谷ではゲームくらいしかやることがない。

元大統領警護隊副司令官のムッサー・ハングシュイリ。

行方不明日本人救出劇

二〇〇一年の夏に再びグルジアへ入った常岡氏は、パンキシ渓谷で日本人義勇兵と出会っている。彼と出会った常岡氏は、そのことを週刊誌『フライデー』（講談社）に義勇兵の実名入りで執筆している。義勇兵は南洋志氏といい、陸上自衛隊第一空挺団の元隊員である。空挺団とは落下傘部隊のことで、戦士としては精鋭中の精鋭だ。南氏が実名での雑誌掲載をオーケーしたということで、私は、彼が本気でチェチェンの戦場へ行く気はないのだろうと思った。

その理由は、まず、これから初めての戦場へ行こうとしているときにメディアに実名を載せるとは危機管理の点から考えられなかったこと。もう一つは、チェチェンへ入れる可能性があまりにも低いために諦めの気持ちが出ているのだろうと思ったからである。外国人義勇兵は、その戦力よりも「日本からも命を懸けた義勇兵が来ている」というピーアールの意味を期待されることもあるので、そのような役目に転じたのかとも感じた。

南氏の部隊は、その数週間後にチェチェン入りをめざして国境へ向かうが、ロシア軍の監視が厳しくて引き返してきている。このように、チェチェンはゲリラ部隊でさえなかなか国境を越えるチャンスがなく、孤立無援に近い状態であった。

その後、八月下旬にチェチェン人部隊、アラブやトルコからの義勇兵部隊など総勢約四〇〇人の部隊がグルジア軍協力のもとに隣国アブハジアへ侵攻する作戦を決行し、これに常岡氏は従軍することを認められた。祖国チェチェンへ戻ってロシア軍と戦うつもりでいたチェチェン人たちは、グルジア政府の意向でチェチェンとは関係のない作戦に投入されたのである。アブハジア侵攻という目的を聞かされて部隊から去った者もいたという。

アブハジアはグルジアの西隣にある小国で、グルジアとは敵対関係にある。ソ連が崩壊してグルジアが独立した直後に、ロシア政府はアブハジアに軍事支援をしてグルジアから分離独立させ、ロシアの傀儡政権のような形をつくっていた。そのため、グルジアとしては、アブハジア奪還は独立以来、ずっと求めていたものである。そのグルジアの野心のためにチェチェン人部隊が使われたのだ。チェチェン人としては、グルジアを難民受け入れやゲリラ部隊の出撃拠点として使わせてもらっている点でグルジア政府のバックアップは失えないものなので、この取り引きには応じざるをえなかったのだろう。

しかし、このアブハジア侵攻を決行している最中に、米国に対する九・一一テロが発生して、グルジア政府は、チェチェン部隊を傭兵として使っていることに及び腰になってしまった。国際世論が一瞬にして「イスラムテロ組織を支援するのはけしからん」という論調に走り、チェチェンゲリラにも疑惑の目が向けられるようになったからである。従軍していた常岡氏によると、途中から、食料などの後方支援もなくなり、グルジアには裏切られたと感じたという。

さらにロシアは、チェチェン人勢力を「イスラム・テロリスト」と呼ぶことで、対テロ戦争を宣言した米国からの理解も得られるようになる。それまでは、チェチェン戦争におけるロシア側の非人道的な行為が批判されることもあったが、九・一一以降、ロシア軍は「対テロ戦争」の大義名分を与えられて、やりたい放題になっていく。

チェチェン部隊によるアブハジア侵攻は、軍事作戦としても失敗で、何も得るものはなく、十数人の戦死者を出して撤収してきた。しかも、この作戦を直接支援したグルジア政府は立場を悪くする結果となった。これを従軍取材しているジャーナリストがいることも不都合極まりなかったことであろう。そのため、常岡氏は、パンキシ渓谷のチェチェン人村から出ることをしばらく禁止されてしまう。

一方、八月以来音信不通になっていたことに心配していた常岡氏の母親は、日本の外務省邦人保護課に協力を依頼し、外務省は水面下で動いていたようだ。しかし、外務省の動きがなかなかはっきりと結果を出せなかったため、常岡氏の母親は、何か他の手を打ちたいと思うようになってくる。そして、月刊誌『国際協力』を出版している国際開発ジャーナル社の知り合いのアドバイスもあり、「国境なき記者団」というNGO団体から、プレスリリースとして流した。

このプレスリリースが世界に一斉に流されて日本の新聞にも載った。これがプラスだったのかマイナスだったのかはいまだにわからないが、水面下で交渉していた日本外務省は、あまりメディアで騒いでほしくなかったようである。

一一月中旬に常岡氏から私のところに電話があった。チェチェン人の友人に携帯電話を借りてかけてきたのだ。「パンキシ渓谷の村に戻ってきていて、あとは自由にさせてくれれば帰国できるんだけど、村から出してもらえないんですよ。日本の外務省からこの携帯電話に電話してもらって、交渉してもらうことはできないかなぁ」とのことである。外務省邦人保護課は、肉親からの依頼でないと動

チェチェン戦争がどれほど激しくても、世界の注目を受けることはなかった。これは、ロシア軍のロケット砲弾26発が8秒間で一帯を火の海にした夜。

チェチェンは、1994年以来、砲爆撃の嵐に晒されている。

けないので、常岡氏の母親が邦人保護課に頼むと、「外務省から直接チェチェン人の電話にかけることはできないのですが、アゼルバイジャンの日本大使館が対応して動きます」とのことだったという。母親は、「なぜ、外務省が直接動いてくれないんでしょう」と不安になって電話をしてきたので、私は、自分がイランで逮捕されたときの経験を思い出しながら説明をした。

「正式な外交ルートでは、外務省は他国の外務省や大使館としか直接交渉をできないらしいんですよ。日本外務省がグルジア国内の一勢力に電話をしたら、それは内政干渉になってしまうらしい。ましてや、チェチェン武装勢力に直接電話などすると、それをロシアが盗聴していた場合に、日本政府はチェチェンゲリラと裏で取り引きしているなどと言われてしまうかもしれない。だけど、アゼルバイジャンの日本大使館がなんとかすると言っているのなら大丈夫ですよ。グルジアもチェチェンも、金持ち日本をこんな些細なことで敵にはしないでしょう」

パンキシ渓谷から出られないで約一カ月がたつ常岡氏が少しでも安心できるだろうとのことで、日本から何人かの友だちが交互に電話を入れていくようにした。「国際電話だから高いんだけど、あいつ寂しがってなかなか電話を切らないんだよ」などと言いながらも、みんな喜んで電話をしていた。日本から頻繁に電話があれば、パンキシ渓谷のチェチェン人やグルジア政府が口封じのために彼を殺してしまう可能性も低くなるだろうとの思いもあった。

すると数日後、常岡氏は、チェチェン人の案内のもと、パンキシ渓谷を出て、グルジアの首都トビリシへ行き、ここでグルジア政府立ち会いの下、日本大使館員に引き渡された。日本大使館はグルジアにはないので、隣国アゼルバイジャンから車で出向いていている。

ロシアのタス通信は、「武装勢力の人質になっていた日本人をグルジア治安部隊が特殊作戦を敢行して救出した」と報じ、日本のメディアにも流された。すると、共同通信はこの報道に疑問を感じたのか、私と母親のところへ真偽を確かめる電話をしてきている。

「いえ、彼は人質になったのではなく、自分の意志でチェチェン部隊への従軍取材をしたのです。また、特殊作戦で救出されたのではなく、日本の外務省が交渉して穏便に釈放されたのです」と話すと、そのとおりに記事を訂正した。しかし、タス通信の記事の内容のまま掲載した朝日、毎日など一部の新聞には「治安部隊の特殊作戦により救出」という記事が載っていた。朝日新聞の知人によると、「共同とタスの記事を見比べれば、共同の記事のほうが正確なのはわかりますよ。でも、タスの記事のほうがセンセーショナルですからね」とのことだった。記事としては「タス通信によると……」となるから、日本のメディアには誤報責任はないことになる。

湾岸戦争中の一九九一年に私がイランで逮捕されたときの日本大使館の動きに比べると、今回の在アゼルバイジャン日本大使館の動きは、非常に頼りがいのあるものなので、興味が湧いた。しかし、このような成功談にはマスコミは興味がないようで、また、外務省もオープンにしようとしない。外務省関係の知り合いに言わせると、「けっこう大きい機密費が動いてるので、公にはできないはずです」とのことである。

ちょうど鈴木宗男や田中真紀子の事件、機密費流用疑惑で外務省叩きが盛り上がっていた時期だったので、「機密費は、こういう正しい使い方もしています」ということで情報を貰えないかと聞いてみた。しかし、それを正式に聞いてしまうと、オフレコ条件つきになってしまい、本書のような場での発表もできなくなりそうなので、それ以上の質問は取り下げることにした。

二〇〇二年になると、カメラマンの成田慎氏がグルジアからアブハジアへ密入国して捕まったが、そこで交渉をした末、アブハジア軍の取材などを正式にさせてもらっている。そのときに、要注意人物としてリストアップされている常岡氏の書類を見せてもらったとのことである。そして、「日本人はなぜ、こんなに立て続けにわが国へ密入国をするんだ」と聞かれたとのことだ。

成田氏と入れ違いのタイミングで、義勇兵の南洋志氏が再びパンキシ渓谷に入り、出撃のときを待っていた。そして、八月に念願叶ってチェチェン入りに成功したのだが、なぜかグルジア国境警備隊に投降し、身柄を拘束されることとなる。南氏は「武器は持たなかった。戦闘には参加していない」と言い切って、約三カ月後に釈放され日本へ帰国している。

二〇〇一～二〇〇二年には、日本人がグルジア、チェチェンなどのカフカス地方でこれだけ続けて事件を起こしたり巻き込まれたりしているにもかかわらず、メディアに大きく扱われることはなかった。これがアフガニスタンだったら、かなりの注目になったことだろう。やはり、米国が介入している戦争か否かによって、そのニュース価値は大きく変わってくるようだ。

戦争症候群

話は戻るが、二〇〇〇年一月にパンキシ渓谷で待機していたとき、山越えをしてチェチェンへ行こうとしている人を探しても、そのような元気のある男はなかなかいなかった。私が同行したことのあるシャミール・バサエフ部隊にもいたことがあるという男に出会ったが、彼がゲリラ兵士として戦っていたのは、一カ月間だけだという。とはいっても、グルジアへ逃げてきている人の中では、一カ月も戦闘に従事していれば長いほうになる。

1995年、第１次戦争のときのチェチェンゲリラには精強さがあった。

戦争をたくさん経験すると、ベテランの戦士になるという側面もあるが、神経や体を壊している人のほうが多い。別に弾に当たるわけでなくても、腰や背骨が痛むとか頭痛が絶えないという話はよく聞く。いわゆる戦争症候群＝シェルショックである。激しい砲爆撃の音を間近で聞かされ続けているだけでも、神経がおかしくなってしまうのだ。

私も、戦場への行き来を重ねているので、わかる部分もあるのだが、シェルショック症状の一つとして、日々のコツコツとした努力のようなものが苦手になってしまう。コツコツまじめに働くのではなく、いざというときに一気にやればいい、という怠惰な気持ちが強くなってくるのだ。

また、より良い人生にしたいだとか、仕事などを頑張って評価されたいという気持ちも薄くなり、気をつけないと人生が後ろ向きになってしまう。難民となって日々を過ごす元チェチェン戦士たちは、日夜、ゲームに興じているくらいでやることはなく、人によってはドラッグにはまっていく。私がパンキシへ行ったときにはテキパキとした身のこなしをしていたムッサー元大統領警護隊副司令官は、その数カ月後には、ヘロイン中毒になり、仲間も家族も彼の元を離れていってしまったとのことだ。

一カ月もまともに前線で戦った者のほとんどは、二度とチェチェンの戦場へなど戻りたくないようである。長すぎる戦争は、歴戦の勇士やベテラン戦士を育てるのではなく、やる気のない人間をつくり出してしまう。パンキシ渓谷で会うチェチェン人たちには、一九九五年にグロズヌイで会った兵士に見られた明るさや俊敏さ、精悍さはまったく見受けられなかった。敗北感と疲れに満ちているのだ。

戦い続けるゲリラ戦士は格好いいので取材のテーマにしたくなるものだが、そういう強い人はごく一部の特別な人でしかない。戦争が長く続けば、やる気も希望も自信も失っていくようだ。パンキシ渓谷で暇な難民生活を送るチェチェンの元戦士たちを見ていると、弾に当たって傷つかなくても、身体はズタズタになることを見せつけられた。近い将来に限定するなら、劇的な変化がない限り、彼らに勝ち目はないだろう。

さらに見捨てられるチェチェン

二〇〇二年一〇月二三日、ロシアの首都モスクワでモスクワ文化宮殿劇場が、チェチェン人武装グループに占拠され、約八〇〇人といわれる人質を取って立てこもった。しかしロシア側に交渉を受け入れる姿勢はなく、事件の三日後には、特殊部隊が麻酔ガスを散布して突入している。一二八人の人質が死亡し、突入作戦のやり方が非難されてもよい結果だが、「相手がイスラムテロ集団なら、仕方ない」という世論に助けられている。

チェチェン側は、一九九五年六月には、シャミール・バサエフ率いる部隊がロシア南部で軍病院を占拠して和平交渉のテーブルにロシア側を着かせることに成功したという実績をもっている。しかし、時代の流れは変わっていて、「イスラムテロ集団」と呼ばれる組織とは交渉などせずに人質ごと殲滅してしまってもよい風潮になっていたのである。つまり、チェチェンは国際世論からもとことん見捨てられているのだ。

二〇〇二年秋からは、世界の目はイラク情勢に注がれるようになり、二〇〇三年三月二〇日の開戦

グロズヌイ市街戦でロシア軍に肉薄するチェチェン人部隊。

ロシア軍の空爆に対して対空機銃で応戦する。

以降は、「イラク・バブル」と言われるほどに、世界の大手報道メディアは、イラク戦争に関連するものばかりを報じた。チェチェンのような見捨てられた地域に注目していた人たちからは「チェチェンに比べればイラクはそれほどひどくはないじゃないか。なんで、みんなイラクだと盛り上がるんだ」と歯がゆい思いをしていた。

イラクもチェチェンも見てきているので、私も、「確かにそうだ」と納得せざるをえないのだが、軍事的視点というテーマからすると、どうしてもイラク戦争、つまり米軍の戦争に目がいってしまう。チェチェンの場合、メディアが現地に入れないから注目されないという人もいるが、メディアが締め出されたとしても米軍がやっている戦争であれば、注目度は圧倒的に高くなるはずである。やはり、米国に相手をしてもらえるか否かだと思う。

4　イラク戦争

米国がイラク攻撃に踏み切った理由として、テロ関与、大量破壊兵器の所持や国内での人権弾圧などを挙げていたが、本当の理由は、フセイン政権の打倒と、世界最強の米軍の実力を試し世界に知らしめることにあったと思う。だから、イラクがミサイルの廃棄など、米国の示した条件を実行し始めても、戦争を止める力にはならなかった。

二〇〇三年三月一八日に、ブッシュ大統領は、四八時間以内にサダム・フセイン一派が国外へ亡命しなければ攻撃を開始すると演説をしているが、もしサダム・フセインが国外へ出たとしても、クウェートに展開していた約二五万の軍隊をおとなしく米国に戻したとは思えない。サダム・フセインのいなくなったイラクに対しても、大量破壊兵器の発見や治安維持などの口実をつけて侵攻したであろう。

反戦側の米国批判としては、「石油のため」というものが強かったが、石油利権の確保によって、イラク戦争の全経費を越える利益がもたらされることはない。石油利権の確保は副産物的には考えていたはずだが、石油のための戦争ではありえない。

そもそも、米国のように国内勢力も複雑に拮抗している大国の戦争の目的を、「……のため」と単一の目的に集約しようとすること自体に間違いがある。しかし、これだけは言えるのは、戦場へ自ら乗り込んでいった若い米軍兵士の多くには、偽りのない正義感があったことである。

自分の信じた正義のためには、地球の裏側にまで命を投げ出しに行けるのが、米軍兵士なのである。

おそらく、このような正義感を持った若者を数十万人単位で送り出せる国は米国だけであろう。この純粋さが米国の美しさでもあり怖さでもあるのだ。

そして、開戦直後からバグダッド陥落までの報道姿勢を見ると、日本のメディアも快進撃を続ける米軍にエールを送るものが開戦前よりも一気に増えたように感じた。私は軍事関係を専門にしているから、どうしても、世界最強の米軍がどのような戦争を遂行して、どのような結果を出すのかに興味は集中しワクワクしていた。しかし、軍事専門の立場でない人たちも、かなり気分が高揚していたようだ。

米軍バグダッド突入を現場で見て

ジャーナリストとして登録すると、厳しい監視下の置かれて独自の取材はできなかったので、私は「人間の盾」の一員として、バグダッド南西地区のドーラ浄水場で寝泊まりをしていた。米陸軍第三師団によるバグダッド市街地突入の第一日目である四月五日と二度目の突入である四月七日に、浄水場から一キロメートル以内のところが激戦区になった。すると、反戦側で活動をしていた人間の盾の人たちの間にも、「米軍、ついにここまで来たか」という興奮が生まれている。

浄水場の周辺を米軍が制圧した直後に進撃してくるのを見た人間の盾の人たちは、「クウェートから五〇〇キロメートル以上、戦争をやりながら、よくバグダッドまで来たもんだよな。米兵ってやっぱり凄いよ」という感想を漏らしている。

戦車の上にウレタンマットや寝袋、飲み物の入ったペットボトルなどが積まれているのを見ると、

バグダッドを制圧した米海兵隊。

米軍兵士といえども、決して楽して戦争を遂行してきたわけではないことが感じられる。

人間の盾の人たちの間でもそういう会話は盛り上がっていた。「米軍が来てくれて本当に嬉しい」と言っているイラク人にも何人も会っている。「日本で反戦活動やっているだけなら、すべての戦争はけしからん、と言えたけど、こうして現実を見てしまうと、これほど簡単に戦争が終わって、しかも米軍を歓迎してるイラク人がいることを見てしまうと、戦争という解決手段もありなのかなぁ」という意見も出ていた。

米軍の多連装ロケットMLRSの一斉射撃でバグダッド東方の夜空が真っ赤に燃えるのを見ながらも、「あそこでは人が死んでいるんだろうなっていうことはわかるんだけど、この光景を見ていても悲惨だと感じることができない。なぜ、戦争を見ているのに悲惨だと感じないいんだろう」と戸惑う人もいた。

しかし、左翼系の活動団体に深く関わっている人たちの中には、日本へ帰国した後の報告や講演で「米国を歓迎しているイラク人なんて一人もいません。米軍の攻撃は民間人に多大な被害を出していて、絶対に許せません」というスピーチを続けている人もいる。イラクまで行って自分の目で見てきたものよりも、日本で組み立てておいた思想のほうを優先しているのだ。

活動家のこのような報告ばかりでなく、コソボやボスニアでの偏向報道やイラク攻撃のために米国が言い続けた根拠のない脅威論、そして、そのような嘘に対して賠償も発生しない現実を見ていると、国際情勢の中では、真実なんてあまり重みがないのかもしれないと感じてしまうこともある。

これが米軍のハイテク戦争だ！

四月三日、私はバグダッド南方約八〇キロメートルのヒッラという町からバグダッドへ車で戻ろうとしていた。すると、前方のあまり遠くないところで戦闘が始まり、東のほうへ伸びる田舎道へと誘導された。爆発煙の上がるタイミングと爆発音のズレから推定して約二キロメートル先で始まったようである。「二キロで、この爆発音の小ささは、地上戦だろう。空爆の爆発音だったら、もっと強烈な音になるはずだ」と感じた。しかし、その戦闘は、私のいる位置よりもバグダッド側、つまり、これから向かおうとしている方向である。米軍の特殊部隊でも、戦線の後方へ侵入したのだろうか。

田舎道を東へ行くと舗装道路に出たが、イラク人民兵たちの指示で、再び田舎道に退避させられる。すると、バグダッド方向から戦車部隊が走ってきた。民兵たちは、この戦車部隊を通すために民間の車両を脇道へ寄せたようである。しかし、この戦車の砲塔の形が米軍のM1A1エイブラムに見えた。

アメリカンタンク（米軍戦車）！」と驚いて叫ぶと、近くのイラク人たちは「ノーノー、イラキタンク（イラク軍戦車だ）」と否定してくる。

戦車までの距離は二〇〇メートルほど離れていたので、勘違いだろうかと思いつつ、戦車部隊の通過する光景を眺めていた。イラク人の民兵たちは交通整理をして戦車を通しているし、周囲のイラク人たちは、バグダッド方向から援軍に駆けつけてきたらしい戦車部隊を嬉しそうに見送っている。私は、退避した位置から望遠レンズで撮影を続けていた。これがイラク軍戦車だとしたら、白昼に幹線道路を堂々と移動している光景にも驚きである。空爆でやられないのだろうか。

４月３日の電撃作戦ですれ違った、米軍M2/3ブラッドレー歩兵戦闘車。

貧弱な兵器しか持たないイラク人民兵部隊。バグダッド市街戦の第１日目。（2003年４月５日）

このときの撮影はデジタルカメラで行っていたので、バグダッドへ戻ったあとで、この画像を拡大してみると、なんと戦車部隊は、米軍のＭ１Ａ１エイブラム戦車とＭ２／３ブラッドレー歩兵戦闘車だったのである。つまり、われわれは知らないうちに米軍の先頭の部隊を越えて米軍よりも南側へ行ってしまっていたのだ。

これこそ、ハイテク米軍のすごいところで、Ｃ^{4}ＩＳＲ（指揮・統制・通信・処理・情報・監視・偵察）機能の優秀さを発揮した場面だったのである。世界で最もハイテク化が進んでいる米軍では、情報伝達が迅速正確に行われるため、Ｃ^{4}ＩＳＲ機能が発揮されるのだ。奇襲突破して敵の後方に踊り出た部隊や強攻偵察部隊の撮った画像は、リアルタイムで司令部や他の部隊にも伝達されるため、敵戦線の後方に突入した部隊の状況やその周辺の敵情などを味方の全軍が把握できることになる。

たとえば、イラク軍がその米軍奇襲部隊を包囲しようと動き出せば、その情報は米軍の司令部や航空部隊、長距離砲やミサイル部隊も知るところとなるので有効な反撃で撃退できる。つまり、遠くに離れている少数の部隊同士が情報伝達によって共同作戦を展開できるのである。こうなると、地図上では孤立しているように見える離れた部隊も、Ｃ^{4}ＩＳＲによって連携がとれているので、数少ない部隊で広い範囲の作戦を遂行することができ、戦車の走る速度で戦闘地域が移動していくスピード戦が可能になってくる。

同レベルのハイテク技術を持たないイラク軍は、当然ながら混乱させられるだけで、米軍が来るわけがない方向に大砲を向けて待っているうちに後ろに回り込まれたり、民兵が米軍戦車の交通整理をしたりということになる。これが、米軍の誇るＩＴ化・スピード化軍隊の見せつけた差である。

アメリカンブランド

米軍の戦争のやり方というと、圧倒的な大物量作戦で、あまり自軍兵士に危険を冒させないイメージがあった。しかし、今回のイラク戦争では、少数の突撃部隊が奇襲突破作戦を行ってイラク軍を大混乱に陥れている。米軍は、戦車部隊を使って神出鬼没のゲリラ戦を展開していることになり、ハイテクで圧倒的なリードをした米軍は、ゲリラ戦でも優位に立ったということだ。

総兵力で比べてみても、イラク軍約三七万人に対して、イラクに直接侵攻した米英軍は約一五万人

バグダッド攻防戦でイラク軍の弾薬庫が爆発。(2003年4月9日)

バグダッドはあっけなく陥落。米軍部隊が凱旋してきた。

進撃してくる米軍車両上の装備は、ハイテク戦の要であるLRAS3(長距離先進斥候監視システム)だ。これで捉えた画像は司令部や他の部隊にもリアルタイムで伝送される。

と半数以下である。私のように軍事専門の立場から見る者だと、この戦争の是非や政治的意味づけがどうあろうと、「こんな革命的な戦争を現場で自分の目で見て体験できて最高の勉強になった」という気持ちが最も大きい。

この項目の冒頭で、米国がイラク戦争を強行した理由として、フセイン政権の打倒以外にも、「米軍の圧倒的な実力を知らしめたい」というものを挙げている。それは、自分自身がこの戦争を見て、「この革命的Ｃ4ＩＳＲ型軍隊を持っている米軍が、実戦でその能力を試してみたい、そしてその力を世界に知らしめたいと感じることはありうる」と感じたからである。

だが、米軍は、戦力だけで快勝したわけではない。もう一つの大きな勝因は、イラク軍がほとんど無抵抗に近いくらい戦わずして敗走してくれたからである。無抵抗で国を明け渡した理由には、当然、米軍が圧倒的に強いから、というものがあるのだが、それよりも、米軍の突入ルートになっていたバグダッド南西部の住民たちによると、「侵攻軍が米軍だから、まあ、そんな酷いことはしないだろうし、米軍に占領してもらったほうが国が良くなるかもしれない」という期待感があったようだ。

たとえ圧倒的な戦力の軍隊に侵攻されたとしても、相手が隣国のイラン軍や、もう一つの軍事大国ロシア軍であったら、イラク兵はかなり本気で抵抗したのではないだろうか。この差こそが米国の強みで、米国だけが持つアメリカンブランド的な魅力なのだろう。米国が自国の論理で世界のあちこち

米軍M1A1戦車には、生活物資が溢れている。

米軍に白旗を掲げるイラク人。わざわざ道路に出てきて白旗を掲げる人たちは、米軍歓迎の意思を態度に表していることが多い。

に戦争を仕掛けても、国際社会ではある程度許されているのは、米軍が圧倒的に強いということよりも、根底では、米国が世界の多くの国から好かれ求められているからである。米国の暴走は、米国と仲良くつきあいたいと願う世界の国々によって支えられていることに気づいたほうがいいだろう。

米国によるイラク戦争終了宣言後も、イラク駐留米軍に対する攻撃は収まるどころか、一〇月以降激化している。そして米国のイラク戦争遂行や占領政策に対する批判も出てきているが、イラクで反米武装闘争をする勢力を公然と支持する国は、そう簡単には現れてこないであろう。

Ⅳ

危機感を煽る論調のカラクリ

2002年９月17日、小泉首相は朝鮮民主主義人民共和国（北朝鮮）を訪れて金正日総書記と会談し、日朝平壌宣言が出された。その過程で明らかになった、拉致被害者の生と死。いまだ解明されていない拉致問題や核開発疑惑問題を初めとして、北朝鮮に対する危機意識が日本国内で盛り上がっている。しかし、本当に北朝鮮は危険な国なのか。政治家もメディアも、事実を伝えているのか。

1　紛争は減っている

「東西冷戦構造の崩壊以降、さらに紛争は増え続けている」などという論評が出ることがよくあるが、これはトータルに見て、大きな間違いである。東西冷戦構造の崩壊以降、紛争の数は減っていて、戦争による犠牲者の数も激減している。一九九九年に米国メリーランド大学の研究所は、冷戦構造崩壊以降、二六の紛争が沈静化に向かい七つが激化したと発表している。その理由として、一般の人々にも外国の情報が行き渡るようになったためだろうと分析している。

近年は沈静化しているが、冷戦末期の紛争として最大規模のものは、イラン・イラク戦争である。イラン・イラク戦争は約八年間続き、死者一〇〇万人を超えていると言われ、その後の湾岸戦争の約一万人などと比べても圧倒的に大きな戦争だった。しかし、現場からのニュースが多くなっていたせいで、湾岸戦争のほうが派手に脳裏に焼き付いている人も多いのではないだろうか。

エルサルバドルやニカラグアなどの中米地域は、当時は戦争取材の代表的なテーマであり、少なく見積もってもイラク戦争の一〇倍以上の死者を出している。また当時、中米の紛争としては、「エルサルバドルやニカラグアは米ソ代理戦争だからわかりやすいということでメディアは注目していますが、民族戦争の色彩のあるグァテマラのほうが酷いですよ」と言う人も多く、知られざる戦争も多かった。他にも、中近東ではレバノンが今のパレスチナとは比較にならないほどの激戦地帯だった。アフリカではアンゴラ、モザンビーク、アパルトヘイトの敷かれていた南アフリカなど、東南アジアではカンボジア、ビルマなどが荒れていたわけである。

暗殺を恐れて覆面をしたままのエルサルバドル治安警察部隊。(1988年9月)

私は、一九八七年から紛争地取材に関わっているが、それぞれの紛争を比較しても、東西冷戦時代のほうが真剣勝負であり、危険だった。たとえばエルサルバドルでは、市街地の治安維持任務に就いた警察官は、警察署の中でも覆面を取ることができなかった時期がある。それは、警察内部にも、反政府ゲリラFMLN(ファルブンドマルチ解放戦線)のスパイが入り込んでいるためで、非番のときに暗殺されたり家族が誘拐される危険に満ちていたからである。

それに比べると、ボスニアやクロアチアの戦争などでは、「敵とはいっても幼馴染みだ」という仲間意識があったりして、むやみに戦闘を激化させないようなところがあった。パレスチナ人がイスラエル軍に投石していられるのも、イスラエル軍が本気で反撃などしてこないだろうと思っているからであり、チエチエンでは激戦や虐殺が行われている一方で、金銭取り引きで包囲網を一時的に開放したり、チエチエンとロシアの間で武器や捕虜の売買が行われていたりする。

東西冷戦時代に真剣度の高い戦争が多かった理由としては、共産主義という思想が、貧しい人々に、それだけ大きな夢と希望を与えたことにある。逆に、資本主義陣営は、共産主義を脅威と感じていた。ベトナムの人々は、米国を追い出して共産主義の国を造り上げれば、より良い国ができ、より良い生活ができると信じていたからこそ、あれだけ粘り強く戦えたのである。また、夢と理想のためであるから、カンボジアにおけるポルポト政権の行為や、中国における文化大革命などのような極端なこともできてしまったのであろう。

最近の戦争には、そういう夢と希望はなかなか見出せないから、あまり本気で戦わない。イラクの人は米国に勝てば良い暮らしができるとは思っていないだろうし、ユーゴスラビアやボスニアの人々にも、アフガニスタンの人々にもそれはなかっただろう。

ではなぜ、国際情勢を語る専門家たちは、「紛争は、冷戦後も増えている」と言うのだろうか。一つは、激化する紛争は大きく報道されるが、沈静化された紛争はニュース種にならないから勘違いしてしまうのである。もう一つは、戦場へ取材に行くジャーナリストやカメラマンたちは、「自分の戦場体験はすごく危険だった」と表現したいから、「過去の戦争に比べたら大したことはなかった」とは言いたくないのだ。

そして、以前よりも現場からのニュースが多くなっているため、小さな戦闘でも新聞紙面を大きく飾ることがあるのだ。国連の停戦監視が入っていたサラエボのような地域では、数人の死者が出ただけでも、「激しい戦闘が発生……」などというニュースが出ていたが、米ソ冷戦時代の戦争では、数人の死者では、ほとんどニュース価値はなかった。

中国脅威論はどこへいったのだろうか。上海で撮った中国軍のウィスキー級潜水艦。

小さい戦闘なのに注目されたものとして、NATO（北大西洋条約機構）軍機が一九九四年四月一〇日、ボスニアを空爆したときのことが印象的だ。NATO軍創設以来初めての実戦ということで、新聞は一面に掲載されていたが、投下された爆弾は二発だけで、命中したか否かは不明だったのである。

イラク戦争では、ほとんど毎日、相当な時間を割いて、イラク戦争の特集番組やニュースを放映していた。東西冷戦時代には、一つの戦争だけがこれほど注目度が高く、しかも長く続くことはなかったのではないだろうか。つまり、情報が多くなったことで、たくさんの戦争が起こっているように勘違いしてしまうようだ。また、テロの件数についても、近年は南米でのテロが激減している。実は、九・一一米国テロの前よりも、そのあとのほうがテロ件数も犠牲者も減っているという分析も日本の警察関係者から出ている。南米のテロがもともと注目されていなかったこともあり、このことを認識しているメディアは少ないようだ。

「紛争は、冷戦後も増えている」と言いたくなるもう一つの理由としては、危機感を煽らないと読者や視聴者を獲得できない、などのメディアのビジネス的な要因だ。一九九五年頃に、日本の周辺有事を語る中で「中国脅威論」が注目されていた。ほとんどの軍事専門家は、「中国など軍事的脅威にはならない」と言っていたが、出版物やテレビで扱う企画は、「最悪の事態になったときには……」ということで、無理に中国脅威論を展開していた。その中国脅威論は、最近はどうなってしまったのだろうか。脅威論などは所詮、この程度のものなのである。

一九九七年版の『防衛白書』では、日本の抱える領土問題の中から尖閣諸島がなくなっていた。これに関して、防衛庁の当時の防衛審議官は「尖閣諸島は、日本が実効支配していますし、中国の脅威にはまったく晒されていませんので、領土問題は存在してません。中国が何を言っているかは関係ありません」と述べていたが、一般の人々にはこの声は届いていなかっただろう。それは、「問題ありません」などというものには、メディアが興味を持たなかったからである。

ここ数年で戦争は少なくなり、犠牲者も減少しているにもかかわらず、危機感を煽られて、脅威論がまことしやかに語られていることは、理解していただけたであろうか。

2 北朝鮮「脅威論」

二〇〇三年四月九日のバグダッド陥落以降、「イラクの次は北朝鮮か」という質問をされることが増えてきた。これは、北朝鮮が、今後ますます危険な国になっていくということからだけではなく、米国が開戦と決めたら、それを阻止する力があまりにも非力なことがイラク戦争で実証されたからではないだろうか。米国が起こす戦争は、国際情勢やその地域の状況で決まるのではなく、米国政府の意志だけでも決定できるということである。

東西冷戦時代は、米軍によるベトナム介入にしてもソ連軍のアフガニスタン侵攻にしても、形だけとはいえ、現地の傀儡政権の要請というスタイルを採っていたし、冷戦終結後も、中途半端な形ではあるが、湾岸戦争やユーゴスラビア空爆のように国連の認めたうえでの開戦だった。しかしイラク戦争は、それらがない状態での開戦である。つまり、米国だけは、一方的に開戦をして政権を堂々と武力で転覆させてもなす術《すべ》がないという前例ができ上がったのである。

米国による先制攻撃肯定論は、危険は現実とならないうちに除去するというポリシーに基づく。これは危機管理としては間違った考えではない。そして、国防政策は、最悪の事態を考えて練り上げておかなければならない、という考えも正しい。その最悪の事態に対処できる態勢を整えるためには、税金を注ぎ込まなければならないわけだから、納税者である一般国民にも危機意識を持ってもらわなければならない。

だから、「危いことをやりそうな国は、やる前に潰してしまえ」、「イラクの次は北朝鮮が危険だぞ」

という脅威論を展開していくことになるのだ。北朝鮮に関しては、米国は、米国民の危機意識を煽るよりも、日本や韓国の危機意識を煽っている。それは、日本と韓国の協力がどうしても必要なことと、この二カ国には金を出す力があるからだ。

しかし、私の考えでは、国防に関わる任務に就いているわけではない一般国民が、平和時から肩肘張って緊張している必要はない。「日本人は平和ボケしている」と騒ぐ論調もあるが、平和で豊かな国に住んでいるのだから、平和と豊かさを享受して生きているのは、おおいに結構なことである。これは、私が戦場取材を一五年間続けていて感じたことである。優れた危機管理システムとは、平和なときから全国民で警戒して神経をすり減らすことではなく、危機が発生したときに即座に平和ボケから緊急事態モードに変えられる態勢である。または、平和ボケしたままの状態で対処できるなら、もっと優れたシステムということになるだろう。

軍事や国際関係を専門としてメディア業界に関わっていると、最悪の事態を想定したうえでの脅威論を表現するよう求められることが多い。「大した脅威ではないし安心していていいです」という内容では、読者も視聴者も獲得できないからだという。私も、雑誌やテレビで北朝鮮脅威を煽るような企画に加わったことはある。そして、脅威論が真実っぽく語られると、メディアの読者や視聴者の獲得などとは桁の違う、国家の大きな金が動く原動力になる。ミサイル防衛構想のように、大金を注ぎ込んでも効果があるのかどうかわからないプロジェクトにも大きな金は動く。効果が出なくても賠償義務も返済義務もないだろう。これが脅威論の「おいしい」ところだ。

やる側とやられる側

私は、本音では「北朝鮮なんて日本にとって脅威ではない」と思っている。まず、軍隊の戦力、日本が島国であるという地政学からして、脅威ではないのは、「I実戦化しつつある自衛隊」で述べたことからわかっていただけると思う。では、北朝鮮に日本を攻撃する意志があるのかないのか、という点を考えてみたい。

推理、推測や陰謀論を交えると、何でもありになってしまうので、まずは事実だけで見ていこう。厳然たる事実としては、朝鮮戦争停戦以来、北朝鮮は約五〇年間にわたって、戦争を仕掛けたといえるような行為は行っていない。五〇年という期間に重みがあるか否かは人によって評価は分かれるの

パンムンジョム（板門店）の北朝鮮軍兵士。ここはもう観光地だ。

首都平壌の規律部隊。

かもしれないが、第二次世界大戦後、日本やドイツが戦争を起こしも巻き込まれもせずして五〇年たった時点といえば一九九五年になる。日本は完全に平和モードになり、ドイツではその六年前にすでにベルリンの壁が崩壊している。五〇年の平和を経てなお、戦争を仕掛ける意志を持ち続けることができるのだろうか。「北朝鮮人は特別だから」という人もいるかもしれないが、特別だという理由で結論づけるには、特別である確証が必要だろう。

もう一つは、朝鮮民族には、日本に攻めてくるような侵略性は乏しいのではないだろうか。ここ一〇〇年くらいの近代史で見る限り、陸続きで国境を接しているわけではない他国に侵略または国家総力レベルの攻撃をしてきた民族は、アングロサクソン、ゲルマン、ロシア、日本くらいである。これら攻撃性、侵略性のある民族は、さらに過去の歴史を見ても、やはり侵略性のある実績を残していて、やられる側はいつもやられる側にある。もっとも、大国と手を組んだ場合は別だが。

つまり、戦争のような大きなプロジェクトになると、やる側かやられる側か、という民族性は、数十年などという短期間ではあまり変わらないものである。北朝鮮が大国のバックアップなしで海を越えて日本を攻撃する可能性はゼロとは言い切れないが、限りなくゼロに近いと思う。

では、北朝鮮は日本までは来ないとしても、韓国侵攻はありうるのだろうか。

北朝鮮は、朝鮮戦争を国内問題というスタンスで見ているので、南侵する可能性は否定できないのだが、戦争を仕掛ければ敗北を喫して政権は潰されることはわかっている。一九五〇年に勃発した朝鮮戦争は、北朝鮮にとっては最も勝てる要素が多い状態で始まっている。韓国軍の態勢はほとんど整っていないうえに、在韓米軍の規模はかなり縮小されていて、しかも、北朝鮮にはソ連と中国のバックアップがあり共産主義勢力が伸びていく勢いのあった時代である。

朝鮮戦争時の好条件があってさえも、三八度線付近での一進一退になってしまい、停戦に至っている。金正日総書記が金日成からの世襲であるからこそ、この戦争での北朝鮮の国力の限界を伝授されているはずだ。そして、東西冷戦が崩壊して東側陣営からの支援は激減していく中で、時期が遅くなればなるほど、北朝鮮の勝ち目はなくなっていることもわかっているだろう。

金正日を無能呼ばわりする声もあるが、政権と国体を保持することにかけては無能ではないと思う。政権と国体の保持を考えている限り、開戦などという政権崩壊に直結する行為はしないだろう。幸いなことに、独裁者というのは、政権保持、国体保持には強いこだわりがあるものである。

リーク情報で危機感を煽る

では、北朝鮮脅威論をつくる側のほうから見てみよう。核開発の進展具合やミサイルの射程距離や数など、直接日本の脅威となりうる情報は、ほとんどが米国政府がリークしてそれをメディアが報じるという流れだ。情報戦の中では、メディアに騒いでもらいたい情報をリークすることは多く、それらリークされた情報がどの程度正しいものなのかは、リークしている当人にもわからない。

ただ、イラク戦争後、米軍占領下で半年以上がたっても大量破壊兵器が見つからないことなどから、リーク情報にはかなり嘘が多いことは想像できる。もし、今後、大量破壊兵器が見つかったとしても、それは、「大量破壊兵器があるだろう」という予想が当たっただけで、確実な情報があったわけではないだろう。確実な情報があったのだとしたら、数十日で発見されているはずである。

メディアの側も、リーク情報に関しては、裏取りなどする必要はないと思っているようだ。しかし、リーク情報のすべてが嘘だとリーク情報の信頼性が落ちて無意味になってしまうので、本当の情報も混ぜてある。情報が真実か否かはなかなか判別できないとしても、リークすることによって国際情勢や世論を有利なほうへ誘導しようとしていることは間違いないだろう。

たとえば、米韓軍による北朝鮮攻撃計画「作戦計画５０２７」がリークされると、その概要は、それまでの防御型の作戦ではなく首都平壌《ピョンヤン》を制圧する攻撃型のものだということがわかった。これは、北朝鮮に対する脅し目的があると思われる。また、世論に対しては、前もって予告することで「朝鮮で戦争勃発＝首都平壌まで侵攻」ということに慣れさせておく効果もある。

「作戦計画５０２７」や「イラクの次は北朝鮮」などとまことしやかに語られる状況をみると、「北朝鮮攻撃は別に驚くに値しないよ」という方向へ世論を動かそうとするものを最近感じる。そう感じさせるもう一つの例として、「一九九四年の核疑惑のときに、米国はやる気だったのに、韓国と日本が腰抜けだったために北朝鮮攻撃を開始できなかった。あのとき攻撃しておくべきだった」という論調が最近、日本や韓国で出てきていることがある。

韓国でも、元陸軍将校の軍事評論家イ・ドヨン氏などが、「一九九四年に攻撃しておくべきだった」論を展開している。しかし、韓国の一般国民には、「北朝鮮は同胞なのだから、そんな酷いことはしてこない」という楽観ムードが強い。韓国の大学院に留学している知り合いは、「韓国の学生の間では、韓国の今までの政権に腐敗が多すぎることから、左翼思想に活路を見出だそうとしている人が増えているのが驚きだ」と言っている。

一九九六年に座礁した北朝鮮潜水艦から特殊部隊の数人が韓国に上陸して銃撃戦になったとき、韓国軍兵士の士気の低さと危機意識のなさが指摘されている。だからといって、それらが改善されたとは聞かない。

　こういう危機意識のない韓国の一般国民に対して、韓国人の軍事評論家たちが、強硬論を唱えている。これは、韓国の世論を強硬論に変えようとする力が働いているように見えてしまう。軍や関係機関からは、流布してほしい情報や思想が軍事評論家にリークされることはよくある。とくに思想の場合は、政府や関係機関が直接流すのではなく、影響力のある評論家や専門家の言葉としてメディアでアピールしてもらえることに意味がある。最近の対北朝鮮強硬論の陰には、そのような力が働いていることを感じざるをえない。

軍事境界線へ至る北朝鮮の道には、米韓軍が北進してきたときに対戦車障害として路面に落とす岩が用意されている。

北朝鮮軍のMi8大型輸送ヘリコプター。

感情論で走る日本

日本でも、拉致問題が大きく注目されてからの北朝鮮への対応には、日朝関係を良い方向にもっていこうという態度は見えてこない。私の考えとしては、拉致問題と日朝国交正常化を同等に扱うこと自体が、あまりにもアンバランスすぎると感じ、これは、国交正常化をしたくないから拉致問題を前面に出しているのではないかと思っている。

二〇〇二年九月に小泉首相が北朝鮮を訪問したときには、「拉致問題が解決すれば、日朝国交正常化をする」という条件を提示したわけだが、数十人の拉致被害者の人命や人権が大切とはいえ、それと一億二〇〇〇万人以上の国民を抱える日本の外交を同列に並べることはおかしい。「拉致問題の解決」ということは、たとえ拉致被害者の多くが死亡していても、それが確認されて北朝鮮が認め謝罪すれば解決のはずである。

しかし今の流れでは、生存していなければ国交正常化はありえない雰囲気である。見方によっては、日本政府が自ら提示した約束をわずか一～二年で破ることになるかもしれない。そして、そのことを「相手が非道の北朝鮮だから、約束なんて破ったっていいんだ」という感情論が世論になってしまえばラッキーだと日本の政権中枢は考えているようにみえる。

拉致被害者を捜索するにも、国交は正常化しておいたほうが日本としても北朝鮮国内で身動きが取りやすい。拉致問題の解決を単純に考えるなら、国交正常化が先にあってもよいわけである。「国交正常化＝日本から北朝鮮への援助」と直結して考える人も多いようだが、そこを分けて考えることは間違っているわけではない。いくら日本が金持ちでも、国交のあるすべての途上国に無条件に援助をする必要はないのだから。

もっとも、この二〇〇二年九月の日朝国交正常化交渉については、日本の政治に深く関わっている人たちからは、「日本が勝手に北朝鮮と仲直りすることを米国が許すわけない。小泉首相は米国の了解を取らずに北朝鮮を訪問して米国の了承なしで平壌宣言などしたものだから、その後、米国政府に呼び出されて叱られたんだ」と説明された。

「米国のお叱りというのは、それほど怖いものなのですか」と聞いてみると、「政治家として生きていくことにこだわってない人には何も怖くないですよ。暗殺されるわけでも財産没収されるわけでもないですから。政治家だけが怖がっているのです」とのことである。私は、政治分野は専門ではないので、これらの噂がどれほど信憑性あるものなのかは判断できないが、官僚の知り合いに聞いても、「それは十分にありうる」とのことではある。

一九九七年一〇月に、陸上自衛隊北部方面総監と航空自衛隊第二航空団、いわば北海道の自衛隊のトップたちに話を聞く機会があったので、北朝鮮の脅威について聞いてみると「世間の関心は、北朝鮮のほうへ移っていますが、日本にとっての潜在的な脅威は依然としてロシアです。今ロシアは経済的に疲弊しているから脅威ではありませんが、ロシアが復活するときには必ず軍事大国として蘇るでしょう。これは歴史からの判断です。北朝鮮は、ミサイルを発射したりテロを起こすことはできても、日本の領土を奪う能力はありません」とのことである。

自衛隊の幹部は、自衛隊がそこそこの戦力を備えた軍隊であることは知っていて、北朝鮮軍などに負けることはありえないと自信を持っている。しかし、一般国民や政治家が自衛隊を弱いと思っているのが、今の日本の世論構造なのだ。だから、イラク戦争を起こす米国を日本政府が支持したときに

金日成の銅像は高さ約25メートル。

「米国には、北朝鮮の脅威から守ってもらわなければならないから……」という理由を言うと、「仕方ない」と思った人は多いようだ。日本人が米国頼りになって逆らわないようにしておくために、北朝鮮脅威論が役立っていることがよくわかる一幕だ。

しかし、米軍などいなくても、北朝鮮は日本の領土に侵攻することはできない。軍隊が海を越えて補給ラインを維持し戦い続けることは、圧倒的な戦力、経済力をもってしてもきわめて困難なことなのである。近代戦では、一万人の部隊が戦闘をする場合、弾薬、食料、燃料などで、一日に必要な補給量は二〇〇〇トン以上になる。補給の届かない軍隊は、戦わずして戦力がガタ落ちになり飢餓に追い込まれることになる。地形が複雑で人口密度も高い日本では、関東甲信越地方を制圧するだけでも二〇〜三〇万人の部隊が必要だと言われている。海上自衛隊と航空自衛隊が目を光らせる中、北朝鮮から日本へ毎日四万トンを運ぶシーレーン（sea lane）を保持することは不可能とみてよい。

軍隊による侵攻は無理としても、小人数でゲリラ・テロ化した場合の脅威が大きく語られた時期もあった。しかし、日本国内の治安の良さを考えると、破壊工作を実行した団体が発見される可能性は、他の国々に比べ非常に高い。おそらく、北朝鮮の工作員による犯罪ということになれば、日本国民は相当に一致団結して警察や自衛隊に協力するであろう。日本は、なんだかんだいっても、官僚と民間の信頼関係が厚いから協力体制がつくれるのだ。

破壊工作は、一つ目の事件が起こされてしまうのは仕方ない。それを完璧に防ごうとしたら、日本で暮らす国民の生活に監視の目を浸透させて自由と気楽さを奪うことになる。一つの事件を完璧に防ぐために監視国家にしてしまうべきではないだろう。一つ目の事件を許してしまっても、日本では、同じメンバーが継続して事件を続けることは難しい。ということは、潜入したゲリラ・テロ部隊も自然とその勢力を失っていくことになる。

ゲリラ活動にしても、支援国からの継続的な補給がない限り戦い続けることはできないのだ。これらは、一九六〇〜七〇年代の日本国内の赤軍派の行く末を見れば想像ができるであろう。日本人でさえ、あのように追い詰められてしまうのだから、北朝鮮人が逃げ隠れしながら活動を続けるのは難しい。

これらのことからも、米軍に守ってもらわなくても、自衛隊や警察で防衛できることはわかるであろう。では、弾道ミサイルを発射されたら、ということになるが、これは、天下の米軍といえど確実な撃墜はできないので、守ってはもらえないことになる。

3　北朝鮮を一人旅できた頃の思い出

「金正日政権なんてぶっ潰せ！　北朝鮮なんてぶっ潰せ！」と吠える人の多くは、北朝鮮へ行ったこともなければ、普段の生活の中で北朝鮮との関わりもなく、また、北朝鮮によって直接の被害を受けた人でもないケースが多いようだ。どうも、北朝鮮問題に関しては、関係の薄い立場の人のほうが強硬論で威勢がいいように見える。私が北朝鮮に対して強硬論にならないのは、二度も行っているからなのかもしれない。日米韓の中で、米国が強硬論で韓国は同胞意識、日本がその中間というのも、縁の遠い者ほど好戦的という構図が見えてくる。

一九九二年以降に北朝鮮へ渡航している人は、「監視が厳しくて、全然自由に見て回れない」と不満をこぼしていたが、北朝鮮にも旅行者が自由に動ける時代はあった。私が北朝鮮へ初めて行ったのは一九八九年の夏で、この頃はまだソ連のバックアップもあり、北朝鮮にもゆとりがあった時代である。このとき、宿泊場所は指定されたものの、平壌市内の出歩きは自由で、トロリーバスに乗って勝手に平壌郊外の農村地帯へ行くこともできたものである。

一九八九年などという古い話にはニュース価値がなく、関心を示されないかもしれないが、考えようによっては、北朝鮮が現在以上の国力を持っていた時代であり、日本にとっての軍事的な脅威も大きかったともいえる。ただ、東西冷戦構造の時代だったため、小国北朝鮮よりも、大国ソ連や中国のほうに注目が集まっていただけである。

冷戦構造の崩壊とともに北朝鮮は孤立し疲弊していったわけだから、年々と軍事的脅威は落ちてい

北朝鮮と中国の国境で見かけた北朝鮮軍兵士は銃も持っておらず緊張感はなかった。

る。一方、米国、韓国、日本は軍事技術も進歩しているわけだから、相対的にみて圧倒的に北朝鮮の脅威は減っていることになる。一九八九年のことではあるが、今よりも、北朝鮮の軍事力が相対的に強かった時代ということで、当時の北朝鮮の素顔を紹介してみたい。

農家の裏庭へ潜入

私は、「日本青年団協議会」という団体が主催する三〇人の団体ツアーで北朝鮮入りし、一一日の日程で平壌西部のクワンボック通り沿い施設に宿泊していた。滞在も数日目になると、平壌の町の概要もわかってきたので、単独行動をする機会を狙っていた。すると、午前のツアーが終わって、夕方のツアーまでの間に数時間の空き時間ができた。宿泊施設の前に停まっていたタクシーに乗り込んでコリョホテルまで行ってもらう。ホテルへ行くなら怪しまれないだろうと思ったからである。コリョホテルに着くと、そこから鉄道の平壌駅まで歩ける。

駅前広場にはトロリーバスが行き来している。路線図を見てみると、ナンバー1のバスが最も北の郊外まで走っているので、それに乗り込んでみる。他の乗客は回数券のようなものを箱に入れていたが、私は持ってないので現金を払おうとすると、運転手は「払わなくていい」と仕草で示してきた。

バスは約三五分走って、北郊外のトロリーバスターミナルに着いた。距離にして一二キロメートルくらいのようだ。ターミナルから北東に向かう道があったので、その道をひたすら北へ北へと歩いていく。許可なしで出歩いているときは、一カ所に長居せずに、さっさと移動していくほうが監視の目

平壌駅前から乗ったナンバー1のトロリーバス。

ピョンヤン北郊外のバスターミナル。

農家の裏庭から撮った。

に引っ掛かりにくい。

　二時間ほど歩くと田園風景になってきて、農家が点々と現れてきた。その中の一軒を訪問してみることにする。玄関から覗いてみたが、誰もいないので、「こんにちは」と日本語で言いながら裏庭のほうへ回り込んでみる。家の中からはテレビかラジオの音が聞こえる。その方向へ行ってみると、女性が一人と男性が一人、建物の外に立っていて、部屋の中を見ている。

　挨拶をして近づいていくと、拒絶するわけでもなく歓迎するわけでもない、戸惑った表情で見つめてくる。私は、適当にニコニコしながらカメラを見せて「オーケー？」なんて言いながらシャッターを切った。二～三枚撮ったところで、男が「出て行け」という仕草をしたので、そのまま退散してきた。いきなり、他人の家の裏庭へ入っていって写真を撮ったんだから、追い出されるのも仕方ないだろう。日本だったら殴られたかもしれない。

団地で家庭に招待された

　農家を出てからもさらに北へ北へと歩くと、五～八階建ての集合団地が現れた。日本でも一九七〇年代にはたくさん建てられていた鉄筋コンクリート造りの団地に似ている。建物と建物の間は子どもたちの遊び場になっていて砂場や鉄棒などがある。そこにカメラを持って近づいていくと、遊んでいた子どもたちはそそくさと逃げていってしまった。

　それまで行ったことのある東南アジアや中南米の国々では、外国人が歩いてくると、好奇心で地元の人が近寄ってくることが多かったが、北朝鮮の人々は逃げてしまう。それは、外国人と接することが規制されているからなのかなという気はしていたのだが、子どもまでもが逃げて自宅に帰ってしまったのは驚きである。子どもたちは、私のことが外国人だとわかったのだろうか。それとも見知らぬよそ者からは逃げる習性なのだろうか。

団地の周辺には人っ子一人いなくなってしまったので、「どうしようかな」と迷いながら、しばらくそこに座り込んでみる。すると、学生ふうの男が現れて、「私の部屋を見にきますか」と手招きで誘ってくれた。ついて行くと階段を上がっていき、彼の自宅へ案内してくれた。母親が出てきてちょっと驚いていたが、すぐに状況を理解して部屋に入れてくれる。

部屋の間取りは三ＤＫで風呂付き。居間には床暖房のオンドルもあり、労働優秀者として表彰され

団地で遊ぶ子どもたちは、この直後に自宅へ全員逃げていってしまった。

自宅へ招待してくれた学生の部屋。

て国から貰ったというテレビもあった。しばらくすると、甘納豆のようなお菓子と砂糖水を出してくれた。この砂糖水は、平壌の道端でも売っている。平壌の人たちにとって一般的な飲み物なのだろう。

私は朝鮮語がまったくできないので、日韓辞典を片手にぎこちない会話を始めた。表紙に「日韓」と書いてあるので、北朝鮮の人からは「韓国ではなくて朝鮮だ」と言ってくるかもしれないと不安もあったが、「韓」の字に興味を持って、「朝鮮のことですね」と聞いてきた程度だった。

辞書を開いては、自分の言いたいことの単語を指で示して相手に渡すと、相手も同様のことをして答えてくれた。彼が二二歳の大学生であること、父親は高校教師で月給が九〇ウォン（公定レートで約六〇〇〇円）であることなどが、やっとなんとか理解できた。北朝鮮で、このように自由な形で一般庶民と接する機会があるとは思わなかったので、朝鮮語をまったく勉強しないで来てしまったことが惜しまれる。また、何か土産でも持って出歩くべきだったとも後悔した。厳しい体制の北朝鮮で、あまり長居するのも申し訳ないと思い、三〇分くらいで失礼することにした。

金日成総合大学の学生インタビュー

北朝鮮というとどうしても、セッティングされたものしか見せてもらえない印象が強いので、通訳氏に突然、「今から金日成総合大学の学生にインタビューを取りに行こう」と誘ってみた。すると、彼は、「いきなりそんなことを言われても困ります」と言いながらも、なんとか手配を済ませてくれた。三〇分ほど待っただけで、タクシーで金日成総合大学へ向かう。教務長のチャン・カンボン氏が出迎えてくれ、「前もって言っていただければ学生をたくさん集めておいたのですが」と言いながらも六人の学生を集めておいてくれた。

まずは、政治的なまじめな質問から始めてみる。

――南北統一の将来性についてどう考えていますか。

「統一は強く望むが南朝鮮は米国の傀儡政権だから、会談を続けても話にならない」

――資本主義と社会主義の違いをどのように考えていますか。

「社会主義は集団主義を第一に考え、資本主義は個人主義を第一としています」

――北朝鮮はなぜ社会主義を選んだのですか。

「社会主義体制下では貧富の差がなく、全人民が同じ暮らしをできるからです」

――日本が資本主義を選んだことについてはどう思いますか。

「日本にとって資本主義が適しているのなら、それで良いと思います。他国の政策に意見は挟みません」

――日本という国をどう思いますか。

「かつて日本に占領されていたことを思うと、日本帝国主義および日本政府を憎みますが、日本人を憎んでいるわけではありません」

――現在の日本についてはどうですか。

「日本は米国、南朝鮮と軍事合同演習をやるなど、朝鮮の南北統一を望んでいないのは明らかであり残念です」（一九八九年当時は、日本は韓国との軍事演習を行っていないが、北朝鮮ではやっていると思われていた）

――外国のニュースは十分に入りますか。

「新聞で読めます。日本の情報もたくさん載っています」

——現在の日本の首相は。

「竹下かな。いや、宇野ですね」

——中国の天安門広場で学生が軍に殺された事件をどう思いますか。

「あれは、学生が反革命的暴動を起こしたのだから学生側が悪いし、仕方ないです」

——金賢姫《キムヒョンヒ》を知っていますか。

「日本では彼女は（北）朝鮮人ということになっているのですか」

金日成総合大学の学生たち。

金日成総合大学の学生たち。この6人が中心になってインタビューに応じてくれた。

——金日成主席について一言。

「あの偉大な方について一言などでは言えないし、時間が足りなすぎます」

——金正日の世襲に賛成ですか。

「偉大なる金日成主席の思想を最も良く理解している金正日書記が後継するのは妥当です」

堅いテーマの質問には、ほとんど個性を感じられないお決まりの回答が返ってきたので、俗な話に変えてみた。

——女性の方に聞きます。理想の男性はどういうタイプですか。

「個人的秘密なので言えません」

——恋人はいますか。

「それも個人的秘密です」

——恋人を選ぶとき、どのような点を重視しますか。

「同じ理想を持つ人、理解しあえる人を大学で勉強しながら見つけます」

——金持ちがモテるなどということはありませんか。

「それはまったく関係ありません」

——学生同士で夜、女の子を誘って酒を飲みに行ったりしますか。

「大学生は勉強が忙しくて、酒を飲みに行く暇などありません。学生は、学費をすべて国家から出してもらっているので、しっかり勉強をするのが義務です」

——恋人といつデートしますか。

「大学からの帰りがけです」

――夜はどこでデートしますか。

「遊園地へ行くことが多いです」

――恋人とすぐセックスしてしまう人もいますか。

「そんな人は（北）朝鮮人にはいません」

――米国の映画を見ますか。

「見たことないです。映画は社会主義をテーマにしたものが多いです」

――ロックなど米国の音楽をどう思いますか。

「ああいう嫌らしい音楽は（北）朝鮮では好まれません」

――白人女性をどう思いますか。

「人種で人を差別などしません」

――あなたは、どういう女性が好みですか。

「個人的秘密なので言えません」

最後に「なぜ北朝鮮の人は個人的秘密が多いのですか」と聞いてみたが、みんな、ニヤニヤと笑っているだけで誰も答えてはくれなかった。

このような突然のインタビューを短時間で行っただけで、本心からの回答などは聞けるものではないだろう。かなり堅い答ばかりになっていたが、彼らの表情には時おり笑いもあり、日本人と喋ることができたということを喜んでくれているのは確かなようだ。

これは、一九八九年六月のことで、二二〜二五歳だったエリート養成校である金日成総合大学を出た彼らは、現在は北朝鮮社会の中枢にいるのかもしれない。

通訳氏に頼んで、帰りに若者たちのデートスポットへ行ってみることにする。テドンガン、モランボン、ポウトンガンなどがデートスポットである。モランボンへ行ってみた。男のほうは学生ふうで女性は自由な服装というカップルがたくさんいる。手をつないだり肩を組んだりという、体と体をくっつけ合ってベタベタしているカップルは一組も見当たらなかった。日本は今でこそ公衆の面前でキスしているカップルがいても驚きではないが、一九七〇年頃は、このモランボンの光景と同じようなものだったことを思い出した。

通訳氏に「カップルの女性と話してみたいので声をかけましょう」と誘うと、「そんなの恥ずかしいから私はできません。加藤さん、自分でやってください」と後込《しりご》みする。「では、私が声かけますから、通訳して伝えてくれますか」「それじゃあ、私が声かけるのと同じじゃないですか、恥ずかしいからできません」

こんな会話をしているうちに、われわれも通訳と観光客という関係を超え、打ち解け合う仲になっていった。

「あっ、あそこに女二人を連れて歩く男がいますよ。北朝鮮では、恋人を二人も持っていいんですか」

「いえ、二人も持つのはいけないことです」

「じゃあ、あの男を叱りに行きましょう」

「恥ずかしいですよ。そういうのやめましょう」

「だって、南北統一を考えなければならない大切な時代に、恋人二人はけしからんじゃないですか」

「あの女性の一人はたぶん肉親ですよ」

「確認しに行きましょう」

「恥ずかしい、やめましょう。なんでそんな変なことばかり考えるのですか」

「それは、日本が自由主義の国だからです。個人個人がみんな違う考え方をできるんですよ。北朝鮮の社会主義よりも楽しいと思いませんか」

「そうですね。自由主義、楽しいかもしれない。でも、北朝鮮は南北統一を悲願としているので、今は全体主義でまとまらなければならないのです」

上・下　デートスポット・モランボンのカップル。

通訳氏とは、この日以来、かなりざっくばらんに喋れる仲になり、夜にコリョホテルのレストランに酒を飲みにいっては盛り上がるようになった。彼は、酒を飲むと顔を真っ赤にして冗舌になり、北朝鮮では問題発言ではないかと思うようなことを喋ってしまうこともあった。

「酔っ払って、そんなこと言ってると、収容所に入れられちゃいますよ」

「このくらいでは収容所には連れて行かれません」

「収容所は本当にあるんですか」

「あると聞いてます」

他の通訳氏と喋ったときにも思ったのだが、北朝鮮の人は、酒を飲むとかなり大胆な発言をすることがあり、聞いている私のほうが冷や冷やすることもある。本音を言ってしまうという点では、日本人などよりも、北朝鮮の人たちのほうが言葉にストップがかからなくなるようだ。

私についた通訳氏は、大学の先輩と口論になったときに「私は、日本の方々と何人も接して、世界が見えてきた。先輩よりも、私のほうが見識が広い」などということを怒鳴り始めて、みんなで取り押さえるという一幕もあったのである。彼は、本当に収容所へ送り込まれないですんでいるのだろうか。

一週間も滞在していると、平壌の町を歩くにも迷うようなことはなくなってきた。整然とした町で覚えやすいのだ。北郊外のほうへ出て散歩をしていると、小中学生の一団に出会った。金日成を称える歌を声高らかに歌いながら集団下校してくるところである。「おおっ、全体主義を絵に描いたようだな」と思いながらカメラを構えて近寄って行っても、逃げるような動きはなく、さらに声を大きく出して行進のような歩調で歩いてくる。カメラを向けると逃げてしまう人が多いこの国の中では、力強いものを感じさせられた。

そこからしばらく歩いて樹林帯の中を見てみると、男性三人が座り込んでトランプをやっている。これは、雑談の中に入れてもらえるかな、と思って近づいていくと、三人はあわててトランプをやめて傍らに置いてあったスコップで穴を掘り始めた。サボっているところを見つかってしまって、あわてて仕事に戻ったようである。

バス停にだらしなく座っていた人たちが、いきなりビシッと立ち上がって綺麗に整列したような行

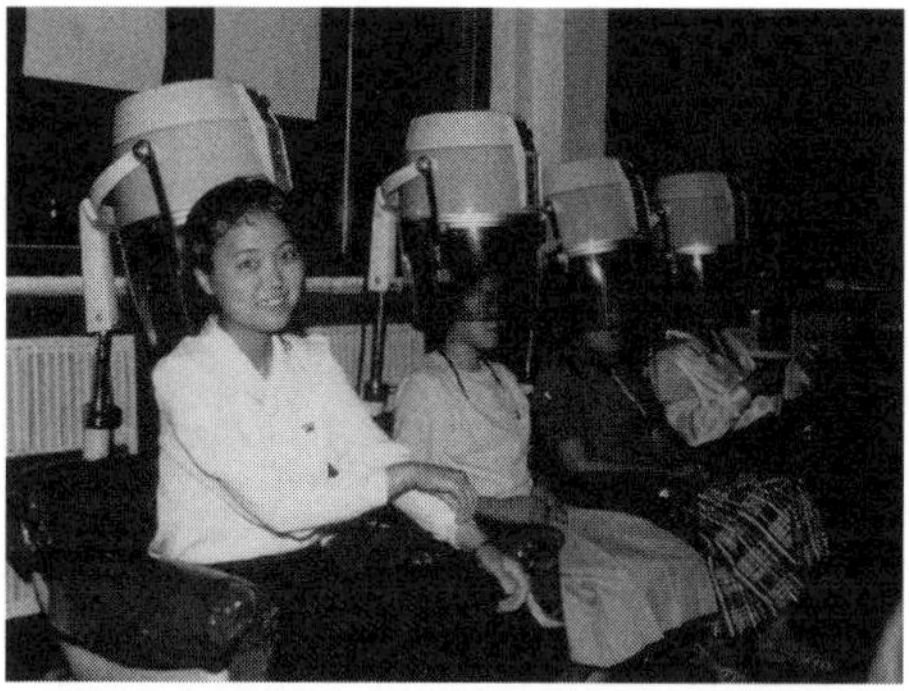
平壌駅近くのパーマ屋。

金日成の歌を声高らかに歌いながらの集団下校。

列をつくったのを見たこともあった。このような光景を見ていると、「自分が子どもの頃の日本に似ているかもしれない」と妙に親近感を覚えてしまった。小学校の頃には集団登校をしていた覚えがある。

一〇泊一一日の北朝鮮滞在で感じたことは、「ちょっと昔の日本に似ている」という親近感と同胞意識である。「それは、良い面ばかり見せられているからだよ」と言われるかもしれないが、自分なりにかなり自由行動をして町の裏側や郊外も見て歩いてきている。しかし、怖い目や悲惨な部分を目にすることができなかった。見ることができなかったからといって、北朝鮮は悪い国ではないなどと結論できないのもわかる。

しかし、現場を見てきてしまった者の立場として、悲惨さを見てもいないのに「悲惨なはずだ」な

平壌北郊外で出会った勤労奉仕隊。

作業をサボってトランプに興じる。

どとは言えないのだ。それは、一一日間の北朝鮮滞在の中で親切に対応してくれた北朝鮮の人たちに対する裏切りになるように思えてならない。

密入国で覗いた炭鉱の町

自分が見てきた北朝鮮に悲惨さや怖さが見えなかったからといっても、飢餓や不審船、収容所などの話を読み聞きしているうちに、北朝鮮の違う面をなんとか見てみたい、という気にさせられてきた。

一九九五年の夏に北朝鮮では大水害があって食料危機が伝えられ、冬に大量の飢餓者が出るのではないかと噂され始めた。そういうこともあり、私は、一九九五年一二月二二〜二四日に、中国国境から北朝鮮への密入国を決行した。トマンガンという国境の川が凍結するのを待って、ユスンという炭鉱の町の近くへ行った。国境地帯を管理する中国共産党幹部の人と、この地域の公安ＯＢである実業家の手配で、北朝鮮側の国境警備を買収する約束になっていたのだが、約束は果たされず、草むらから隠れてのコソコソとした密入国になってしまった。「賄賂として支払った三〇万円はどこにいってしまったんだ」という不満はあったが、国境で内輪もめをしても得はない。とりあえず、川を越えてユスンの町を見渡せるところまで歩いた。

ユスンの町は住宅地区と産業地区に分かれていて、住宅地区のほうでは、凍った水路で子どもたちがソリをして遊んでいた。五〜六人のグループになって産業地区のほうへ出勤していく光景も見える。住宅地区の家の煙突からは煙が出ている。一見したところ、質素だが平和な光景だ。

辺境地の炭鉱の町といえば、日本で読んだ北朝鮮本では、かなり生活が苦しいことになっている。

そういう面はないだろうかと、望遠レンズでくまなく探してみるのだが、見つからない。町を監視している公安のような人間の姿も見当たらないし、飢えてよろよろになっている姿などもない。産業地区に出勤していく女性たちはしっかりとした姿勢・足取りで歩いていて、疲労困ぱいしている様子もない。

家庭の煙突からは煙が上がっていることから、暖房用の燃料があることもわかる。出歩く人々の服装は青や赤、ピンクなど色とりどりの防寒服で、全体主義の統一されているイメージもない。

北朝鮮本では「マッチとタバコは貴重品だ」ということを読んだ覚えがあるが、くわえタバコに火をつけながら歩いている男も見かけた。とくにこの男がユスンの町で偉い人だという雰囲気はない。食料不足のために木々の皮を剥いて食べているという噂もあったので、木々の幹を一本一本望遠で見つめてみるが、樹皮が剥かれている木を発見することはできなかった。

何も手配のできていない密入国なので、北朝鮮内で宿泊することはできず、家の中を見せてもらったりインタビューをしたりすることもできていない。違う場所から六回の密入国を繰り返したが、数十メートル離れたところから望遠レンズで隠し撮りしてくるところまでが限界である。

しかし、数軒の家しかない山村でも、四軒の家の新築工事が行われていた。そこから歩いて一時間はかかると思われる広場では、子どもたちがサッカーをしている。「サッカーをする元気はあるんだな。飢餓とはほど遠い」ということは誰でも感じる光景だ。私があまりにも丹念に望遠で見つめているものだから、同行している中国人の公安ＯＢは、「北朝鮮は確かに食料が不足しています。しかし、世界の人が言うように飢えるほどの不足は、ごく限られた地域だけだと思います」と言う。夜になるのを待って再び国境越えをしてみると、それほど大きな町でもないのだが、街路灯が点いていた。けっして明るい街路灯ではないのだが、片田舎にも電気はきている。

「悲惨な部分をまったく見つけられないということは、取材が甘いのだろうか」という疑問を感じながら、日本へ帰国してからも、北朝鮮本を読みあさってみる。すると、北朝鮮に密入国して列車に乗ったり民家に泊めてもらったりしてきたという在米韓国人の書いた、ある本の内容が嘘であり、脱北者からの証言を組みあわせて自分で想像して体験記ふうにしてしまったものだということが韓国国内のメディアで暴露されたことを見つけた。

また、その後、ビデオによる隠し撮りで北朝鮮の田舎の市場などを撮ってきたテレビ番組の映像を

凍った水路でソリを楽しむ子どもたち。

住宅地区から産業地区へ出勤する女性たち。歩き方に疲労困ぱいのイメージはない。

サッカーをする子どもたち。

北朝鮮国旗の立つ村役場。近所の人が薪を自宅に運んでいる。

屋根の乗ってない家は新築工事中だ。

見ると、市場にはたくさんの果物や野菜が並んでいた。番組のコメントとしては「物はたくさん売っているが闇値段になっていて高いので、ほとんど誰も買えない」と語られていたが、買う人がいない市場が成り立つだろうか、という疑問が出てしまう。家電製品のようなものならまだしも、食べ物を売れない値段で店先に並べて腐らせてしまうというのは考えづらい。公営市場ならありえるが、闇市は、資本主義の論理で成り立っているはずである。誰も買えない値段で売っても何の利益にもならない。

北朝鮮本を何冊も手がけたことのある編集者に聞いてみると、「韓国には脱北者がたくさんいて、彼らのインタビューは五〇万円とか一〇〇万円というような額を払うとできます。そして、脱北者の格によって値段はかなり違うのです。北朝鮮で要職に就いていた人だと当然高くなります。また、脱北してきて間もない人はあまり嘘を言わないので、そういう人を狙いたいのですが、当たり外れが大きい割に値段が高いのです。脱北してから何度もインタビューを受けてきている人は、だんだんと感覚がわれわれに近いものに馴染んできてますから、創作を入れてしまうことがあります。脱北者インタビューは完全にビジネスの材料になっていますよ」とのことである。

V

愚かな国は戦争をやらされる

米国はますます巨大化し、ヨーロッパはEUをつくって統合し発言力を強めようとしているこの時代に、日本を含めた北東アジアでは相変わらずの疑心暗鬼。共存共栄など夢のまた夢なのか。この間に得をするのは誰かを考えると、世界の構造が見えてくる。

戦争には、興奮と緊張をもたらす魔力があり、現場に身を置くと、生きている充実感を感じる。しかし、そういう感動を覚えることができたのも、最初のうちだけだったかもしれない。戦場での経験を重ねるにしたがって、「戦争なんて単なる破壊であって、物を作る行為に比べたら、レベルの低い人間にでもできるつまらないことだ。人間にしても、人を生んで育てることに比べたら、殺すことなんて、簡単すぎてつまらないことだ」と思うようになっていった。私は、戦場に出る前までは、建設技術者として港湾施設や工場設備の建設現場にいたので、ことさらに「作ることのおもしろさ、破壊の簡単さ」を感じてしまったのであろう。

とくに工場設備などは、「作り出す設備を作る」のだから、「作る」ことをより強く意識したようである。戦争の真っただ中にいると、歴史的瞬間を体験しているような派手さもあるのだが、回数を重ねるごとに、むなしさのほうが大きくなっていた。

戦争にむなしさを感じられる人々

クロアチア、ボスニアの戦争を見たときに、他の戦争と違うと感じたことは、戦争をやってしまった本人たちが、自分たちのやったことへのむなしさを感じていることだった。破壊し尽くされた自分の町を見て、自分たちが今まで一生懸命に作り上げてきたものを自分たちの手で破壊してしまったことのバカらしさを感じているのだった。

中米やアフリカの戦争では、現地の当事者たちは、自分の生活が苦しくつらいものになった悲壮感は持っているのだが、破壊してしまったことへの後悔が深いようには見えなかったし、そのようなことを訴えるリポートもあまり見ていない。ユーゴスラビアでの戦争は、近年としては、生活水準、教育水準の高い地域での戦争である。中米やアフリカに比べると、失うものが多い人たちの戦争だったといえるだろう。

クロアチア戦争の取材を続けていたとき、知り合いのクロアチア人が、クロアチア独立の意義やこの戦争の必要性などを力説していたので、「自分の国の三割が破壊され、以前は気楽に遊びにも行けていたセルビア人地域へも行けなくなっている今の状況のほうが、以前のユーゴスラビアよりも良いということですか」と聞くと、「キツいこと言うけど、いいこと言うね。クロアチア人は政府に踊らされ

ボスニア・ヘルツェゴビナ南部の町モスタルの中心街は破壊し尽くされていた。

クロアチア軍は、国力を蓄えてから一気に反撃に出た。

たよ」と返してきた。これが、サンディニスタ政権時代のニカラグアでは、「たとえ何を失っても戦い続けて自由を勝ち取るのだ」という答が多かったものだ。

クロアチアは、戦闘状況だった期間をトータルで見れば二年以内で戦争を終結している。ボスニアは三年半、コソボは一年強である。内戦としては期間が短いほうであることがわかる。やはり、戦争のむなしさを感じ取れる人たちは、ボタンの掛け違いで戦争を起こしてしまっても、なんとかして終わらせようと努力するのだ。

クロアチアは、一九九一年から始まった独立戦争で、国土の約三割をセルビア人勢力に取られてしまい、その状態のまま国連軍が入って停戦となった。取られた領土の奪還は停戦違反になってしまうので、何も反撃ができず悔しい思いをしていた。しかしこの間に、クロアチアは国内の経済を活性化させて国力をつけることを第一とする道を選んだ。

そのため戦争がクロアチア領内で発生することを極力避けて、紛争をすべて隣国のボスニア・ヘルツェゴビナへ押しやってしまう。戦争がボスニアで行われている間に、クロアチアは経済の立て直しを優先して行い、その後で、米国の軍事顧問会社などに依頼してクロアチア軍の戦力強化、そして、セルビア人勢力の撃退という手順を踏んでいる。戦争を抱え込んだボスニア、経済制裁で疲弊するユーゴスラビアが愚かな道を歩んでいる隙に、クロアチアは賢い国家再建を成し遂げたといえよう。

世界最大の殺戮地帯

多くの国境が入り乱れつつも、最も平和なところは西ヨーロッパだが、ここは、数十年前まではドイツ、フランス、イギリスなどを中心にした世界最大の殺戮地帯だったことを忘れてはいけない。つまり、ヨーロッパの人々は学んだのである。そして、冷戦構造の崩壊後には、ユーゴスラビア地域を除く東ヨーロッパにも戦争の危機はなくなる。少なくともヨーロッパでは、隣国の侵攻に備えて国境に軍隊を配備しておく必要はなくなった。

このような国際関係のしたたかさを見ていくと、ヨーロッパに比べて日本を含めた北東アジア諸国は数十年は遅れていることがわかる。フランスやポーランドなど第二次世界大戦でドイツにやられた国々は、ドイツへ報復したり制裁を課すのではなく、共に平和と繁栄を共有しようと考えたのである。戦後政策のすべてが巧くいっているわけではないが、各国が国境に軍隊を張りつけなければならないような愚行はしないですむ世界を造り上げている。

一方、極東アジアでは、韓国と北朝鮮は国境に合計一〇〇万人近いといわれる軍隊を張りつけ、日本も周辺有事に備え毎年五兆円弱の軍事費を使っている。台湾と中国も、軍隊を相互削減するには至らない。そこに米軍が入り込んでいて、ミサイル防衛構想の必要性を訴えている。このように、金は持っているけれども国際政治ではレベルの低いアジア極東地域は、欧米の軍需産業にとっては上客である。うまいこと危機感を煽っておいて、欧米製の武器やシステムを買わせるという構図が見える。

軍事産業の側の論理

ここで、軍事的な脅威が激減していく中で、どのようにして軍事産業が生き残りを図っているかを見てみよう。一九九一年のクロアチア戦争の頃から、ＰＫＯ派遣による平和維持軍ブームが訪れた。

そしてこの頃に兵器市場に現れた新製品は、多用途性のある軽装甲車であり、「ＰＫＯに最適」のキャッチフレーズで人気商品となっている。戦闘車両には強力な大砲を搭載する必要がなく、三〇ミリ程度の機関砲が積まれ、装甲も戦車砲弾を弾き返すほどの厚みはなくなる。

東西冷戦時代には、大きな破壊力、長い射程距離、強い防御力、不整地でも走破する機動力などが求められていて、中途半端な兵器は使い物にならないという発想だった。しかし、大規模戦争が起きるかもしれないという危機感のない時代になってきたので、大型兵器はもう売れない。小型軽量で多用途性があり安い兵器なら買ってもらえる。これに加えて、「ＰＫＯに最適」というキャッチフレーズが最適だった。

ユーゴスラビアやチェチェン、ソマリアなど各地で戦争は勃発するのだが、これらの紛争は、地元勢力がもともと持っていた旧式の武器で戦っているものだから、欧米の軍事産業としては利益につながらない。そこにＰＫＯブームが訪れたのである。ＰＫＯでは、フランスやスウェーデン、カナダなどの先進国が中心になることが多く、新製品を買ってもらえる。つまり、ＰＫＯが出ない紛争をいくらアフリカや中央アジアの奥地で続けてもらっても、先進国の軍事産業は潤わないから、世界の小規模紛争をできる限りＰＫＯ派遣に結びつけたいという発想を、兵器ショーの内容やパンフレットから感じた。

しかし、ＰＫＯ向きの兵器では、ヨーロッパ製のものに適性のあるものが多く、米国の軍事産業はあまり恩恵を被っていなかった。しかも、ユーゴスラビア地域の国連トップに明石康氏が就いた直後から、ボスニア紛争は安定化の方向に向かいつつあった。こうなると、大型ハイテク兵器をたくさん抱える米国にとってはおいしいところがない。

米国としては、ＰＫＯ向けの安価な武器だけでボスニア紛争が片づいてしまうよりも、なんとかして「空爆」という立場で介入したかった。地上での平和維持活動では、米軍だからといってとくに優れた面を発揮できるわけではないが、空軍力ならば米国の得意なところを発揮できる。だから、ボスニア戦争の解決には、最後の最後に「空爆のおかげで」という実績が必要だったのである。そうすれば、平和維持活動は安価なＰＫＯ仕様の装甲車だけでは不足で、米軍のハイテク大規模空爆が必要だという結論にもっていける。政府や軍にとって空爆の最大の魅力は、自国兵士の犠牲を最小限に食い止めることができる点である。

PKOブームに乗じて評価が高まったスウェーデン製Bv206雪上車は、泥沼や山岳地帯でもよく使われていた。これはマレーシア軍のもの。

1994年から国連防護軍にも戦車が配備されるようになった。デンマーク軍のドイツ製レオパルト1A3DK戦車。

米兵の犠牲ということでは、一九九三年一〇月にソマリアで精鋭の米陸軍レンジャー部隊が一八人の戦死者と七〇人以上の負傷者を出して敗退しているので、地上部隊の派遣には及び腰になっていた。ソマリアでは、国連の指揮下で派遣していたために、米軍自身の判断で撤収ができなかったことが、米国の国連離れのきっかけにもなっている。そのため、以後、米軍は国連指揮下には入らず、多国籍軍という形を採るようになり、戦車や攻撃ヘリコプターなど強力な兵器を遠慮せずに派遣する方向になっていく。

そして一九九九年のユーゴスラビア空爆が終わると、コソボへ進駐した多国籍軍ＫＦＯＲ（コソボ平和実行軍）は、米軍のＭ１Ａ１エイブラム戦車、イギリス軍のチャレンジャー戦車、ドイツ軍のレオパルト２型戦車などと、「平和維持軍」とは名ばかりで、その国の主力兵器が投入された。一九九一年のクロアチア、一九九二年のボスニア、一九九三年のカンボジアに比べたら、ユーゴスラビア軍が撤退した後のコソボなど危険のレベルは圧倒的に低かったのだが、各国は主力戦車を派遣している。軍事産業としては、ＰＫＯ向けの安価な武器よりも、主力兵器を売れたほうが潤うので追い風となる。

空爆される国、食い物にされる国

さて、米国の立場から見て、どのような地域では簡単に戦争を起こし、どのような地域では慎重に和平を探るのだろうか。湾岸戦争は、イラクが先にクウェート侵攻を仕掛けてしまったので、その後の戦争で見てみよう。まず、ユーゴスラビア地域だが、ここは米国の貿易にとって、ほとんど存在感のない地域だったので、当初は介入を考えていなかった。一九九四年に突然介入となったわけだが、

小火器中心のこのような紛争（チェチェン）が増えても欧米軍事産業は潤わない。

これはボスニアが火の海になろうが泥沼になろうが、米兵の犠牲が出ない戦争であれば構わなかったのだろう。

日本の防衛研究所の研究員の話によると、「米国が東欧地域で興味を持っているのは、地中海からトルコ、黒海に繋がるシーレーン（sea lane）とその沿岸です。このシーレーンを米国の勢力下に置いておければ、ロシアを南側から突く位置になります。資源もなく、シーレーンにも関係ないボスニアやユーゴスラビアには関心ありません。ボスニアよりも、アルバニア、マケドニアなど南のほうに関心があります。西ヨーロッパからロシアへ至るルートとしては、ポーランドが最重要です。ユーゴスラビアには米軍の戦略上の価値はほとんどありません」とのことだった。

米軍は、一九九五年にはボスニアに大規模空爆を行ったわけだが、これは、どうでもよい地域だから、あまり神経質にならずに空爆で叩いたとの見方ができる。ボスニアが大事だったわけではない。そのことは、コソボへの派兵が決まると、ボスニアに展開していたＳＦＯＲ部隊をそのままコソボへ南下させていることからわかる。主力戦車などは、ＳＦＯＲの文字をＫＦＯＲと書き替えただけのものが目立っている。一九九九年にボスニアを取材していたジャーナリスト村上和巳氏によると、ボスニアのＳＦＯＲ部隊はもぬけの殻だったとのことである。

それ以外のアフガニスタン、スーダンなど米国が突然空爆を仕掛けた国を見てみると、貿易上、米国にとっては、存在価値のない国というケースが多い。この点から見ると、米国にとって最大の金ヅルでもある日本の周辺で戦争を起こして、日本の経済を低迷させる政策はとらないと思われる。東南アジア、台湾、中国も含めて、これらの東アジア地域の経済が衰退することは米国にとっても痛手になるので、この周辺で大規模戦争を起こすことは難しい。米国内でも、日本周辺を戦火に巻き込むことに反対する勢力は大きいのではないだろうか。

つまり、米国にとってどうでもよい地域は言い掛かりのような理由で空爆されるが、商売上で大切な地域には戦争こそ仕掛けないものの危機感を煽って軍事費を使わせ、米軍の必要性を認識させるパターンだ。こう述べていくと、米国の利権に振り回されているように思われるかもしれないが、極東アジアが対立感情を持ちつつ軍隊を張りつけて無駄な経費と労力を使っているのは、米国ではなく当事国の責任である。

世界中を見渡してみれば、極東アジア地域ほど滑稽な地域も珍しい。戦争をやっているわけでもないのに、戦争をやっている地域以上に大軍が張りつけられていて、また、最短距離での相互渡航ができない。北朝鮮と韓国の国境が閉ざされているばかりでなく、日本の北海道東岸から目の前に見える千島列島へは直接渡航できず、ロシア本土かサハリンを経由しなければならない。

ヨーロッパはEUとして共同体をつくり、通貨もユーロに統一していくなどして、国際社会に与える影響力を高めようとしている。その同時代に、極東アジアは、経済力や技術力、市場の大きさではヨーロッパを凌いでいる面も多いものの、いまだに共存共栄からはほど遠いところにある。こんな愚かしいことをやっていたら、米国の軍事産業やその他の利権屋たちが食い物にしてやろうと考えるのは当然の結果である。

陰謀論めいたものも感じるかもしれないが、陰謀で極東が対立させられているのではなく、無駄な

ボスニア南部モスタルの墓地。敵味方に関係なく同じ墓地に埋葬されていた。

対立をやっている地域だから陰謀が入り込みやすいのである。そこそこの経済力を持っているからこそ、空爆はされないものの、脅威論に踊らされて高価な兵器を買わされている。アジアの国々は、もう少し賢く、近隣国との軍事的緊張を解消していく方向に立ち回れないものだろうか。技術力、経済力でトップを行く日本が、賢いやり方を先頭切って実行してほしいところだ。

日本は、軍事や技術、政治、経済など多くの面で米国から援助され学んで国造りをしてきたわけではあるが、自国の損失になる部分は学ばないようにするしたたかさも、そろそろ持ち合わせてもよい時期ではないだろうか。

加藤健二郎◎プロフィール

1961年生まれ。

早稲田大学理工学部卒業後、1985～1988年に東亜建設工業で港湾施設や工場設備等の建設に従事。

その後、軍事ジャーナリストとなる。

戦場取材を中心に中米、中近東、ユーゴスラビア地域、チェチェン、アフリカ、北朝鮮などを訪れ、戦場突入回数76回、戦闘遭遇27回。

国内では、「実戦との比較」という視点から自衛隊と在日米軍をテーマとしている。

著書に『密着報告、自衛隊』(ぶんか社、2003年)、『イラク戦争最前線』(アリアドネ企画、2003年)、『戦場へのパスポート』(ジャパンミリタリー、1996年)、『35ミリ最前線を行く』(光人社、1997年)などがある。

1997年より、防衛庁オピニオンリーダーに任命され、他に、総合探偵社ガルエージェンシーの危機管理講師、ブロードバンド放送「あっ!とおどろく放送局」で軍事戦争専門番組を制作放映、情報ネットワーク組織「東長崎機関」の運営をしている。

攻撃か、それとも自衛か

自衛隊・米軍・戦場最前線からの報告

2003年12月8日　第1版第1刷

著　者　加藤健二郎

発行人　成澤壽信
編集人　木村暢恵

発行所　株式会社現代人文社
〒160-0016東京都新宿区信濃町20佐藤ビル201
TEL　03-5379-0307（代表）FAX 03-5379-5388
E-mail daihyo@genjin.jp（代表）
hanbai@genjin.jp（販売）
URL　http://www.genjin.jp
振替　00130-3-52366

装　幀・本文デザイン　川上修（サイラス）

発売所　大学図書
印刷所　モリモト印刷株式会社

検印省略　Printed in Japan
ISBN4-87798-184-5 C0036